人居环境健康设计指导丛书

丛书主编　王清勤　王现

城市防疫分区风险评价及社区韧性评价方法

—— 任洪国　王振报　郝似雪　朱琳　宣文妤　石敏琪　著 ——

中国建筑工业出版社

图书在版编目（CIP）数据

城市防疫分区风险评价及社区韧性评价方法 / 任洪
国等著. —北京：中国建筑工业出版社，2023.4
（人居环境健康设计指导丛书 / 王清勤，王现生主
编）
ISBN 978-7-112-28620-1

Ⅰ. ①城… Ⅱ. ①任… Ⅲ. ①城市规划—规划布局—
应用—防疫—卫生管理—风险评价—研究 ②社区—城市规
划—规划布局—应用—防疫—卫生管理—风险评价—研究
Ⅳ. ①TU984.1

中国国家版本馆CIP数据核字（2023）第065620号

基金项目：河北省社会科学基金项目"基于突发公共卫生事件的国土空间规划风险评价体
系研究"，项目编号：HB20GL055

责任编辑：唐　旭
文字编辑：孙　硕　李东禧
书籍设计：锋尚设计
责任校对：李美娜

人居环境健康设计指导丛书
丛书主编　王清勤　王现生

城市防疫分区风险评价及社区韧性评价方法
任洪国　王振报　郝似雪　朱　琳　宣文妤　石敏琪　著

*

中国建筑工业出版社出版、发行（北京海淀三里河路9号）
各地新华书店、建筑书店经销
北京锋尚制版有限公司制版
建工社（河北）印刷有限公司印刷

*

开本：787毫米×1092毫米　1/16　印张：15¼　字数：325千字
2023年4月第一版　　2023年4月第一次印刷
定价：69.00元
ISBN 978-7-112-28620-1
（40979）

总 序

翻开人类的历史，抒写着人类"与天斗""与地斗"的勇气，也抒写着人类创造家园的无限智慧。疾病、战争、灾害、意外……无时无刻不威胁着人类的安全，可客观结果却是人类掌握了更多的生存本领，趋利避害成为生存的不二法则。这种"趋利避害"下的创造是人类抵御灾害重要的有效途径。从原始的"天然洞穴"为了躲避野兽的袭击和恶劣天气的威胁，升级为"巢居"或"窑洞"；为了避免潮湿和寒热，居住建筑升级为"半窑"和"地楼"；为了避免黑暗与疾病，于是人类学会了用木骨和泥墙建造房屋……建筑的不断升级充分说明："危险"成就了人类每一次的进步。建筑发展到今天，无论是建筑技术，还是设计水平都可以满足人类的各种需求。然而，面对突如其来的新冠疫情，现有规划、建筑、公共空间需要提高其韧性来降低疫情的传播速度，并尽可能地满足人们日常生活的正常需求。不禁使设计师们陷入了沉思：这样的"危险"能否将人类再次带入新的建筑升级？是否需要应急的风险识别体系？是否有必要从新的维度思考我们的人居环境？

"人居环境健康设计指导丛书"正是基于这样的思考与初衷应运而生。基于突发公共卫生事件的建筑应急设计是在突发公共卫生事件下，人们按照"人民至上，生命至上"的原则，把建筑使用过程中可能发生的涉疫问题，做好通盘设想，拟定好解决这些问题的方法、路径与最终方案，用图纸和文件表达出来的过程。首先必须厘清人居环境、疫情与人的相互关系，才能构建建筑应急设计的风险识别体系及其评估体系，给出建筑风险层级化研究模型，提出建筑应急设计目标，给出建筑应急设计模拟和对比模型及演算方法，建立建筑应急设计的情感化模型和评估机制及改善设计方法；最终，搭建可视化模拟与演示集成工具平台，建立起建筑应急策略库，为防疫政策与决策提供参考。

丛书共包括《城市防疫分区风险评价及社区韧性评价方法》《住宅建筑防疫应急设计》《公共建筑防疫应急设计》《防疫应急产品设计》四本，

从空间规划、建筑设计、环境与产品设计等角度提出建议，也是建筑设计师们关于建筑理论体系的完善。本套丛书兼具实践性与理论性，希望可作为大学生建筑防疫设计的参考教材，同时希望对城市规划师、建筑设计师、环境设计师、工程技术人员以及相关行政管理人员有一定参考价值。

疫情终将过去，人类历史也将铭记这段灰暗的时光，无论此时我们的感受是什么，可以肯定的是，什么也无法阻止人类思考的勇气，对生命的热爱，对职业的忠诚和前进的力量。

任洪国

2022年12月30日

前　言

　　2019年年底以来，新冠肺炎疫情在全球各地肆虐，这场疫情使现有国土空间规划在人居环境、城市应急治理能力及公共危机预防能力等方面的问题逐渐凸显。如何从城市更新角度入手，重视人居环境改善、生活品质提升、提高社区韧性，成为当前的研究热点。2020年以来，我国相继出台了一系列指南来指导各类建筑的疫情防控，如《中国民用机场新冠肺炎疫情常态化防控技术指南》《新型冠状病毒肺炎疫情期间公共交通工具消毒操作技术指南》《新型冠状病毒肺炎疫情期间方舱医院卫生防护指南》，等等，涉及面广，涵盖多种建筑类型。而国土空间是人们开展生产生活的空间载体。在统筹全要素规划的背景下，规划相关的研究人员必须去重新思考国土空间规划面临的新挑战。明确国土空间规划的发展朝向和趋势，将突发公共卫生事件作为影响因素纳入国土空间规划中，提出"全面提升国土空间治理能力，增强城市韧性"的国土空间规划新目标和高标准要求。另一方面，社区是城市防疫的基本单元，提高社区的韧性对于减少疫情传播和维持疫情期间居民正常生活具有重要的意义，对社区防疫体系进行研究，建立社区韧性评价指标体系并对社区的防疫韧性进行评价，并提出提升策略，有利于有的放矢地进行韧性社区规划建设，提高社区防疫能力，以实现社区可持续发展。

　　本书从城市规划角度出发，以宏观视角总结了国内和国外的国土空间规划、突发公共卫生事件及风险评价的研究现状，并梳理相关概念、理论及既有规划指标；探寻国土空间与突发公共卫生事件的关联，通过相关文献归纳，总结突发公共卫生事件影响下的国土空间风险要素。从韧性角度出发，归纳总结有关于城市韧性、社区韧性的相关理论和相关实践，在此研究基础上提出进行社区防疫与韧性评价的重要性。

　　在突发公共卫生事件的视角下，从目标层、准则层、要素层、指标层四个层面构建国土空间规划风险评价体系，包括13项评价指标。通过层次分析法得到指标体系各层级指标权重，以此确定风险评价体系模型。本书以河北省邯郸市涉县主城区为例，在重大突发公共卫生事件发生背景下，将提高城市应急能力作为长期目标，基于评价体系模型，展开对涉县主城区在重大突发公共卫生事件下国土空间规划的风险识别、模型应用。最终，分析其评价结果，对国土空间规划现存短板提出针对性优化策略。同时，对重大突发公共卫生事件下的国土空间规划风险评价体系及其模型的可操作性进行验证。

从设施韧性、空间韧性、自然韧性、社会韧性四个维度，借鉴国内相关的法律法规、规范标准，并结合国内外文献收集防疫背景下的社区韧性影响因素，从城市规划学、韧性社区相关理论及流行病学出发，构建了防疫视角下的社区韧性评价指标体系。研究范围内的邯郸市主城区社区的韧性现状可通过开源数据对其进行整理，然后搭建邯郸市主城区社区的地理信息数据库。通过分析邯郸主城区内社区韧性空间分布、相同行政区中不同指标的社区韧性、不同行政区中相同指标的社区韧性，实现对主城区社区韧性的定量分析。从空间、非空间两个视角，分别利用空间自相关和基尼系数的方法，均衡分析主城区内各项社区韧性指标和综合指标。综合社区韧性评价结果，提出防疫视角下社区韧性的提升策略，并选取典型社区针对韧性不足之处进行韧性改造，以期为政府管理部门在后续的政策决策中逐步提高社区韧性提供参考，实现社区健康可持续发展。

本书初步构建了基于国土空间规划体系的防疫分区风险识别体系，以及防疫视角下的社区韧性评价体系及提升策略，并通过案例城市分析对提出的方法体系进行阐述说明。感谢硕士研究生田琰、和艳芳参与第6章至第10章内容的编写和修改工作。由于笔者能力有限，本书难免存在偏颇之处，敬请读者提出宝贵意见。

目 录

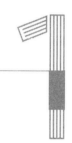

第 4 章

重大突发公共卫生事件下的
国土空间规划风险评价体系模型构建

第 5 章

重大突发公共卫生事件下的
国土空间规划风险评价实证研究

第 6 章

社区韧性研究进展

第7章
社区韧性理论与实践

第8章
社区韧性评价指标体系构建

第9章
社区韧性评价案例分析

第 10 章
社区韧性提升策略

第1章
突发公共卫生事件及
国土空间规划相关背景

1.1 现实背景

1.1.1 国土空间规划逐渐形成新格局

自我国改革开放以来国家各项事业取得迅猛发展，特别是城市现代化、工业化的迅速发展，带来土地资源、自然资源紧张，以及生态环境恶化的问题。为解决这些问题，我国逐步加大推进国土空间规划系统化的工作进程。十八大指出我国要加强生态文明建设，将资源集约化利用，并对我国国土空间格局进行优化。十九大报告中提到，要积极加快对生态文明的建设，要建设美丽中国，要着重解决生态问题。国土是生态文明的载体，国土空间规划与生态文明建设紧密相关。党的二十大报告指出，"中国式现代化是人与自然和谐共生的现代化"，大自然是人类赖以生存发展的基本条件，尊重自然、顺应自然、保护自然，是全面建设社会主义现代化国家的内在要求。2010年国务院印发《全国主体功能区规划》，2017年国务院印发《全国国土规划纲要（2016—2030年）》，2019年5月的《中共中央 国务院关于建立国土空间规划体系并监督实施的若干意见》，2020年1月自然资源部印发《省级国土空间规划编制指南（试行）》《资源环境承载能力和国土空间开发适宜性评价指南（试行）》，以及2020年7月的《中华人民共和国国民经济和社会发展第十四个五年规划和2035年远景目标纲要》等，充分体现出国家对于国土空间规划的重视，表明国土空间规划正在全国各地如火如荼地开展，即将形成国土空间规划的新格局。

1.1.2 重大突发公共卫生事件影响社会健康

社会学家乌尔里希·贝克指出，人们在生活的同时也在不断地创造新的风险，随着现代社会的进步和生活方式的变化，风险也在不断累积，最终演变成灾难性事件，导致重大突发公共卫生事件的发生。随着社会的快速发展，大量人口涌入城市，我国城市规模也随之扩大，城镇化率逐年上升，造就了复杂多样的社会环境。从2003年的重症急性呼吸综合征（SARS，下文简称为"非典"）、2009年的甲型H1N1流感、2013年的H7N9禽流感、2014年的寨卡病毒，到2019年的埃博拉病毒，再到2019年年底的新型冠状病毒肺炎（下文简称为"新冠"肺炎），重大突发公共卫生事件频发，且其发生间隔在逐年减短，"新冠"是一种新发传染病，已知其主要传播途径为经呼吸道飞沫和接触传播，在相对封闭的环境中长时间暴露于高浓度气溶胶情况下存在经气溶胶传播的可能。目前，该疫情对社会经济发展和人民生命健康造成极大影响，暴露出城市在面对重大突发公共卫生事件时的脆弱性。如何及时、科学、有效地应对突发公共卫生事件，提高城市应对能力，探索城市未来发展，已成为当务之急。

1.1.3　我国健康城市建设迈向全面发展阶段

随着公众对健康的日益关注，人们逐渐认识到健康与城市公共卫生环境、社会、经济密切相关。1984年"超级卫生保健多伦多2000"大会中，世界卫生组织（WHO）提出了"健康城市"一词。为了保障人民的健康，我国于1989年发起的"国家卫生城市"运动便开始了对"健康城市"的实践。2003年"非典"的爆发再次引发了人们对健康城市建设的关注。2008年在杭州举行的首届国际健康城市市长论坛，为"健康中国"实践拉开了序幕；2015年《国务院关于进一步加强爱国卫生运动的工作意见》提出"融健康于万策"的指导；2016年中共中央 国务院印发《"健康中国2030"规划纲要》，提出了未来15年内中国健康医疗的发展愿景，完善全民健康体系；2016年确定杭州、郑州等38个城市为第一批国家健康城市试点城市。健康城市建设成为国家发展战略，国土空间规划势当勠力响应，构建在重大突发公共卫生事件下国土空间风险评价体系显得愈加重要。

1.1.4　国土空间规划在重大突发公共卫生事件下研究的必要性

应对重大突发公共卫生事件，需要构建具有前瞻性和韧性的现代化城市应急和治理体系。而国土空间规划是推进城市战略发展和城市合理布局的重要手段，是城市应急和治理体系的重要组成部分。在国土空间规划中，通过规划发展目标、规划空间布局、规划设施分布等措施，构建重大突发公共卫生事件的城市应急体系和治理体系。重大突发公共卫生事件下的国土空间规划已然成为当前城市战略发展的必要手段。

1.2　相关研究背景

本研究旨在将国内外相关文献研究进行系统梳理，以便归纳出相关领域现有的研究动态、趋势和研究不足。本研究侧重于基于重大突发公共卫生事件的国土空间规划风险评价体系研究，即以"国土空间规划"（Territorial Space Planning）、"重大突发公共卫生事件"（Major Public Health Emergencies）、"风险评价"（Risk Assessment）作为关键词，以中国知网数据库为基本数据源进行初步检索，并利用中国知网可视化分析对相关研究文献数据发文数量、研究趋势等进行计量分析。

1.2.1 国土空间规划相关研究概述

本小节的研究对象为国土空间规划，以中国知网数据库为源，关键词限定为"国土空间规划"，文献发表日期限定为2016—2021年，共有2861篇论文，其中学术期刊2149篇，学位论文180篇，会议论文157篇。对条件进行限定检索后，可以发现相关研究著述的刊发数量在2018—2019年呈现快速上升趋势，2019—2021年增速放缓（图1-1）。

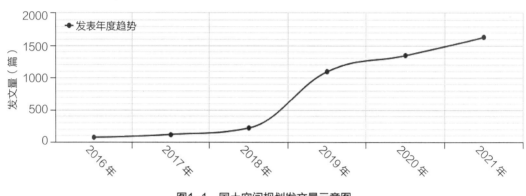

图1-1 国土空间规划发文量示意图

1.2.1.1 国外研究现状

1．理论层面

1）空间规划概念相关研究

空间规划概念内涵十分繁复庞杂，外延广大开放，很难被精准定义。传统定义上的空间规划可以追溯到英国的城乡规划和土地利用规划，是单纯的物质空间形态规划。20世纪80年代，空间规划受到新自由主义思潮的影响，其被作为一种弥补市场的管理手段逐渐被边缘化，而住宅的开发、基础设施投资成为当时空间规划的主流。直至20世纪90年代初，空间规划才重新得到关注并进一步发展。空间规划的概念和定义在不同时期、不同国家、不同机构、不同空间的视角上是不同的。欧洲理事会将区域空间规划定义为：经济、社会、文化和生态五点在空间上的体现。在英国，空间规划被认为是一种通过土地空间影响空间性质的规划策略。1997年，欧盟首次在《欧盟空间规划体系和政策纲要》中界定了空间规划的概念：空间规划是公共部门规划决策各种活动空间布局的政策手段。学者Cullingworth B. 认为空间规划是各相关部门在整体空间视角下对其各自政策的整合和协调。空间规划具有协调整合的特性。

2）发展历程研究

国外空间规划理论共分为三个阶段。

（1）萌芽阶段。在"田园城市"理论中，霍华德通过对交通网的规划设计，构建了城乡一体的田园城市。虽没有完全解决当时的实际问题，但是从思想上推动了空间规划的发展。

（2）探索阶段。在此阶段提出了许多著名理论。工业技术进步、城市发展、人口增长带来了诸多城市问题，如交通拥挤、环境恶化等。基于此，"有机疏散"理论被提出，为伦敦的城市公园运动提供了理论指导。1933年在《雅典宪章》中提出把城市划分为四个功能区域：居住、工作、游憩和交通，在此基础上"广亩城市"理论被提出。1977年《马丘比丘宪章》提到要加入地方特色，因地制宜地编制规划内容，重视公众参与，增强与生态自然的有机联系。

（3）发展阶段。该阶段的空间规划研究进入平稳发展期。为了缓解城市因无限扩张和对环境破坏带来的问题，美国规划协会提出了"精明增长"理论，该理论被广泛应用，推动了城市的可持续发展。

2．实践层面

1）国土空间规划体系

第二次世界大战后，城市迅速发展，规模不断拓展，为了解决这些问题，各国开始对空间规划进行编制工作的探索。各个国家面临的问题和处理的方法不一样，其在空间规划编制以及实践上各自结合其国家特色，形成了不同的"流派"。

（1）日本

日本国土空间规划形成了"多横多纵"的网络式体系。横向上形成了包括国土形成规划、国土利用规划、土地利用基本规划的"三类"国土规划编制体系。纵向上基本依据行政区划，形成了包括国家、都道府县、市町村以及协调跨行政管辖区域的规划机构的"四级"国土开发规划体系。

国土形成规划是以国家战略为基础的大纲性质的国土开发规划政策，重点是宏观指导。国土利用规划是根据国土的应用性质进行分类规划和规模控制，在都道府县层级将其所辖土地划分为五类，分别是城市区、农业区、森林区、自然公园区、自然保护区；土地利用基本规划是为落实国土利用规划而编制的各条块专项规划的"合众体"。日本迄今共编制了七次全国规划（表1-1）。

日本国土形成规划演化　　　　　　　　　　　　　　　　　　表1-1

时间	规划全称	主要内容
1946年	《特别都市计划法》	对战后重建地区进行土地调整计划
1946年	《国土复兴计划纲要》	城市发展与土地使用产生矛盾，对其进行全国资源整合
1950年	《国土综合开发法》	制定了适宜本国的"三类、四级"的国土开发规划体系
1962年	《第一次全国综合开发规划》（一全综）	以产业发展为主

时间	规划全称	主要内容
1969年	《新全国综合开发规划》（新全综）	以产业发展为主
1977年	《第三次全国综合开发规划》（三全综）	宜居生活
1987年	《第四次全国综合开发规划》（四全综）	宜居生活
1998年	《21世纪的国土宏伟蓝图——促进区域自立于创新美丽国土》（五全综）	可持续发展
2005年	《国土形成规划法》	注重国土开发，对规划的指导作用进行强调，将地方与中央职能明确分工
2008年	《日本国土形成规划》（六全综）	推动广域地区自立协作发展
2015年	《日本国土形成规划》（日本战后第七次国土规划——形成对流促进型国土）（七全综）	七全综的规划特色为对社会问题——人口减少采取正面措施

（2）德国

德国是典型的自上而下的垂直型空间规划体系的国家（图1-2）。德国空间规划总体上分为法定规划和非法定规划。法定规划包含了联邦、州、区域和地方，其规划层级与行政层级相互对应，各级均受到上一级约束。非法定规划是一种非正式规划，由地方或区域的"相关者"全程参与，通过协议进行规划。类型上分为空间总体规划和专业部门规划，同样包含上述四个行政层级。联邦层面空间规划以全国国土空间规划为目标和原则进行编定。州层面空间规划是在遵循联邦规划前提下以州的国土空间规划为目标和原则进行编定。区域层面空间规划是在联邦和州规划下进行具体区域的土地利用规划、控制性详细规划。地方层面空间规划是对市、乡、镇内的多种土地进行利用规划。

（3）英国

英国作为众多规划思想的起源地，共经历了四次变革，最终形成了英国当前的规划结构体系——"国家规划政策框架—地方发展规划"。国家层面只有总体规划的指导意见，不统一编制具体规划内容。地方层面在遵守国家方针和指导的前提下实施具体的地方规划。

图1-2　德国空间规划体系图

（4）美国

美国与英国相似，没有全国统一的空间规划体系，国土空间体系以地方自治为主导，规划相对自由。各州政府根据自身情况进行编制，具有较大的规划自主权。美国空间规划体系分为联邦级、州级、地区级国土空间规划。各个行政层级通过立法、司法、行政"三权"对规划编制实施引导控制。

（5）荷兰

荷兰国土空间规划历史悠久，2008年荷兰空间规划实施简政放权，让省、市级部门拥有更多决定权，也鼓励自下而上的城市发展模式。荷兰国土空间规划体系分为三级（表1-2）：国家层面主要负责国家政策、目标、纲要、指导性方针的编写；省级层面负责明确省级的规划策略，决策市级规划；市级层面负责对地方结构规划和土地使用规划进行管控。

荷兰国土空间规划体系 表1-2

国土空间规划体系层级	空间范围	主要内容
国家层级	全国范围	全国性质的方针政策
省级层级	全部或部分省域范围	省级政策
市级层级	市域或市区内部分地区	地方规划政策、结构、土地使用规划

2）国土空间规划评价体系

国外国土空间规划评价中最具代表性的是社区规划评价体系——"可持续西雅图"，在其评价体系中主要包括四个方面即社会、经济、文化、环境，共40项指标。在英国，政府为提高本国社区可持续发展，提出了评价社区可持续能力的指标：适应性、持续性、经济稳定性、环境效率等10项。

除社区评价外，国外还有学者提出要对国土空间资源环境进行评价。VOGT，William认为应对土地实际承载力进行评价。Daily G. C. 等分析人口增长和土地承载力之间的关联，提出相应的构架，计算出在不破坏环境的前提下人口规模和土地承载力的具体数值。Lee D. 等人基于环境承载力理论，利用GIS中的区域内的开发密度分配模型对人口适宜密度进行计算，对环境承载力进行评估。Diepen C. 等人提到，国土空间土地评价是对农业、林业、工程、水文、区域等规划方面适宜性的评价。美国通过土地利用规划明确区域划分的范围和最大的开发强度，把区域内的土地按照可开发强度划分出发展、保护和综合利用区，以此限制土地开发强度和发展边界。Jafari S. 等人以某牧场为例进行适宜性评价，以气候、地形、土壤、河流距居民的距离作为评价指标，用空间叠加方法把该研究区域划分为中度适宜、高度适宜、不适宜三个层级。

1.2.1.2 国内研究现状

1. 理论层面

1）空间规划概念相关研究

我国学者郝庆提出空间规划是各类不同类型、不同等级、不同尺度的空间规划总称。张伟、刘毅等人认为空间规划内容复杂，很难被定义，通常以实际问题研究为导向进行定义。学者杨保军指出空间规划是将环境、经济、社会等多种要素整合的空间政策，是有效实现我国现代化治理的重要方式。

2）国土空间规划概念相关研究

国土空间规划是将我国国土空间资源合理安排整合的计划。武廷海提到国土空间规划是综合性空间规划，融合了土地利用规划、主体功能区规划、城市规划。曹康认为国土空间规划是对国家资源统筹安排的一种方法，是对国土空间的开发。林坚等学者提到国土空间是指国家主权和主权管辖范围内的空间，包括陆地、陆上水域、内水、领海、领空等。

3）发展历程研究

我国对于空间规划的研究最早可追溯到《周礼·考工记》，其中，周王城布局的资料记载反映了我国古代的城市规划和空间规划思想。虽然没有系统的空间规划理论，但隐含着空间规划的概念，是国土空间规划的雏形。中华人民共和国成立后，我国国土空间规划理论发展历经萌芽、探索、发展、矛盾冲突、转型研究等阶段，国土空间规划逐步形成。

（1）萌芽阶段（1949—1977年）。中华人民共和国成立后我国的规划工作开始起步，在这一阶段对国土空间规划进行了初级探索。第一个五年规划提出了新中国的第一个空间规划，主要是重点区域规划，没有系统编制专门的土地总体规划，没有专门的国土规划部门，对土地规划仅限于对于土地的整合。

（2）探索阶段（1978—1990年）。1978年的改革开放使得我国的规划工作得到复兴，随着经济的发展对国土空间规划的探索也同步发展。1979年国家城市建设总局成立，1984年《城市规划条例》出台，这一阶段编制了国家层面、区域层面的空间规划。

（3）发展阶段（1991—2000年）。在该阶段《城市规划法》开始实施，逐渐形成了我国特有的规划体系，即"城镇体系规划—城市总体规划—分区规划—控制性详细规划—修建性详细规划"。这一阶段的工作重心是城市规划建设。1998年国土资源部成立，主要承载土地的保护、利用与土地规划。随着城市的发展，城市空间扩张与土地总规对土地保护的矛盾开始显露。

（4）矛盾冲突阶段（2001—2012年）。2000年"十一五"规划提出，2006年颁布主体功能区规划，2008年《城乡规划法》《全国土地利用总体规划纲要》出台，都提出了新的发展方向和指导方针。然而，此时不同的空间类型规划属于不同的部门，编制工作由每个部门分开进行（表1-3）。随着规划工作深入，各种规划内容相互冲突，各部门管理权限重叠或空缺。在这一阶段，空间规划存在诸多问题。

各类规划内容对比　　　　　　　　　　　　　　　　　表1-3

规划名称	编制主体	规划角度	规划重点
城乡规划	住房和城乡建设部	城乡建设区域内开发建设	协调空间布局，保障城市发展
土地利用规划	国土资源部	土地用途管制	土地资源合理组织利用和经营管理
国民经济及社会发展规划	国家发改委	经济、社会发展	统筹全国或某一地区社会、经济、文化建设
生态环境保护规划	环境保护部	生态环境	环境保护和管理

（5）转型发展阶段（2013年至今）。2013年《中共中央关于全面深化改革若干重大问题的决定》的颁布，预示着我国已着手建立国土空间规划体系，也明确提出要对空间用途进行统一管制。2014年发布《关于市县"多规合一"试点工作的通知》，开始探索实行"多规合一"，将各空间要素统一协调，解决之前存在的矛盾和冲突。2019年《关于建立国土空间规划体系并监督实施的若干意见》印发，明确提出将主体功能区规划、土地利用总体规划、城乡规划等，统一合并调整为国土空间规划。这一政策的出台终止了多规混乱的状况。

2. 实践层面

1）我国空间规划体系

谢英挺总结出我国空间规划体系是"纵向到底、横向并列"的"多横多纵"的格局。我国国土空间规划实施"多规合一"，将主体功能区规划、土地利用规划、城乡规划等空间规划融为一体。我国国土空间规划体系分为"五级三类"，横向层面包括总体规划、详细规划和专项规划三类，其中总体规划强调规划的综合性，是详细规划和专项规划的依据和基础；详细规划强调实施性，是对上级规划的承接，并与专项规划做好衔接；专项规划强调专业性。纵向层面根据行政区划分为国家、省、市、县、乡镇五级，其中国家级国土空间规划对全国作出统一安排；省级国土空间规划是在全国国土指导方针下对省域进行国土空间规划编制；市县级和乡镇级遵循上级规划对区域内国土空间作出具体的规划安排。

2）我国国土空间规划评价体系

"双评价"是我国国土空间规划评价体系中较为重要的评价体系，包括国土空间开发适宜性评价和资源环境承载力评价。20世纪90年代初期，我国开始关注国土空间适宜性评价。孙伟、陈雯以宁波市为例，依据区域自身特点因地制宜地选取自然生态约束和经济开发需求为评价指标进行适宜性评价，按照是否适宜开发将区域分为六类，即优先开发、适度开发、控制开发、适度保护、优先保护和禁止开发，并对不同类型提出了有针对性的布局建议和管制要求。黄杏元等人以溧阳县为例，运用GIS技术进行适宜性评价，建立生产布局模型，研究国土空间土地开发格局。丁建中提到要以生态和经济为导向，结合人口、经济、资源、环境的相互关系，强调因地制宜地进行评价、空间开发和适宜性分区，并以泰州为例运用GIS对该区域进行分区和评价。可以得出国土空间开发适宜性评价是评价人们在城镇、农业、生态三类空间开展生产、生活、建设等活动的适宜程度。

随着城市的发展，环境污染日益严重，资源逐渐枯竭，一些学者相继对环境承载力开展研究。唐剑武提出环境系统是由一定数量比例的物质构成，所以人类对其改造只能限定在一定范围内，这个阈值就是环境承载力。他还认为，因社会发展、人类行为的变化会影响到环境承载力指标，因此应从整体环境和社会经济系统的物质、能量以及信息交换方面切入研究，将环境承载力指标分为三大类：自然资源供给类、社会条件支持类、污染承受能力类。柴国平等人运用多层次指标体系结构模型，构建资源环境承载力指标体系，分为三个准则层：社会经济发达度、资源承载力、环境脆弱性；八个指标层：人口、经济发展、交通、可利用水资源、可利用土地资源、自然灾害危险性、生态环境敏感度、环境容量超载度。并利用该模型结合GIS对山西高阳县进行评价。因此，资源环境承载力评价是对区域内土地资源、水资源、矿产资源、大气环境等要素承载力的评价，是定量判断资源利用、生态环境、灾害风险、环境质量四类因素的发展潜力和四类要素对人类活动的承载能力。

我国学者还对国土空间规划的实施评估体系进行研究，主要是对土地利用总体规划实施评价和城市总体规划实施评价两方面进行评估。在土地利用总体规划实施评价研究中，赵小敏提出从结果、效益、效力三方面进行评价，指标包含效力指标、执行指标两类。在北京区县规划实施评价指标体系研究中，评价指标主要是从土地、公共服务、基础设施、城市安全、历史文化、生态系统、经济、社会、环境效益、管理能力、社会参与、公众满意这几个方面进行评价。马璇等人对我国城市总体规划实施评估进行回顾和分析，总结了北京城市总体规划实施评估的内容，包括人口、产业、城镇化、城乡一体化、城市空间、宜居城市、旧城保护和文化名城这几大类，上海城市总体规划实施评估的内容包括发展目标、总体布局、规模、生态环境、产业、住房、公共服务设施、历史风貌、交通、市政、规划实施这几大方面。

1.2.1.3 国土空间规划相关研究小结

综合以上论述，国外的空间规划发展开始较早，目前形成了较为成熟、完善的体系，可以为我国国土空间的制度建设、横向协作、纵向传递发展提供借鉴。英国和美国的政治体制与我国相差较大，可以借鉴的地方不多，但日本的空间规划体系相对较为适宜我国。总体而言，我国空间规划起步较晚，目前的研究成果稍显不足，今后应重视并加大对其相关的研究与探索。针对国土空间规划的评估研究，主要是对国土空间适宜性、资源环境承载力、社区规划、国土空间规划实施评估等方面的研究，虽然在资源环境承载力评价中提到了灾害风险评价，但其大多针对自然灾害风险，而在空间规划研究中关于突发公共卫生事件的评价研究较少。

1.2.2　重大突发公共卫生事件相关研究整理

本小节的研究对象为重大突发公共卫生事件，以中国知网数据库为源，关键词限定为"重大突发公共卫生事件"，文献发表日期限定为2016—2021年，共有1010篇文献，其中学术期刊787篇，学位论文77篇，会议论文24篇。对条件进行限定后检索，可以发现相关研究著述的刊发数量在2019年中后期陡然增多，在2020年发表最多（图1-3）。

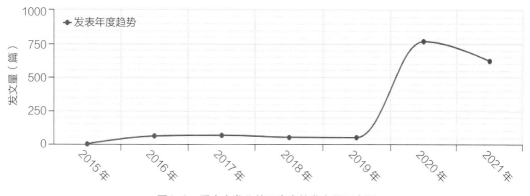

图1-3　重大突发公共卫生事件发文量示意图

1.2.2.1　国外研究现状

1. 理论层面研究

Rosenthal U. Pijnenburg B. 在研究中认为突发公共卫生事件是对整个社会造成不良影响和后果的事件。Gostin L. O. 在经历"非典"爆发后对突发公共卫生事件发展过程进行分析，认为流行性的突发公共卫生事件对人类健康构成极大威胁，应总结经验教训，探讨针对突发公共事件的干预措施。George D. 等人在《Introduction to Emergency Management》一书中谈到，在20世纪60年代全球掀起了研究公共安全危机的浪潮，主要针对的是政治安全、军事以及国家竞争而引起的各类危害安全事件，主要原因是当时社会矛盾突出，政治局势动荡。Steven Fink在研究中阐述了突发公共卫生事件的基本特征，突发公共卫生事件也可被称为"公共危机"，会对社会安全构成较大的威胁。

2. 实践层面研究

在美国"911"恐怖袭击事件后，国外才开始重点针对突发公共卫生事件展开相关研究。在此之前，许多学者的研究重点在于应对危机、事故或突发事件。随着进一步研究，促使更多的国际组织、学者等从应急管理及能力、医疗卫生体系等角度研究突发公共卫生事件，并提出相关的理论模型。

1）应急管理方面

在国外，应急管理研究最早是以危机管理的形式出现。罗伯特·希斯——危机管理专家，他将危机管理分为四个阶段，即4R模型：危机缩减（reduction）、危机预备（readiness）、危机反应（response）、危机恢复（recovery）。胡丙杰对美国公共卫生管理的特点和运行机制进行了分析，最终对公共卫生管理提出了相关建议。Matta N以突发交通事故为研究对象，利用场景展示、仿真模拟等技术手段完善危机管理解决方案、组织结构、协作沟通。Ioannis Benekos等人使用智能交通系统（ITS）研究道路交通系统的风险控制和应急处置管理系统。Yonson R.等学者以菲律宾洪水灾害为例，通过经济模型对风险和灾害修复力进行评估，发现危机管理体系所存在的问题。

2）应急能力建设

1997年美国建立了针对防灾的州政府与地方政府应急能力评价系统，其中包括1014个评价指标。2002年1月和12月，日本举办了"地方公共团体之地域防灾能力和危机管理能力的评估检讨会"，在会议中指出各地方应客观评价防灾能力，继而评估应对能力。2002年，英国对突发公共卫生事件应对体系作出了详尽的评估。

Leiba A. 等人研究了医院在突发公共卫生事件中的应急能力，认为医院是解决、处理突发事件的主要场所。在突发事件背景下，展开医院应急能力评估，可以显著提升其公共卫生事件的应急能力。因此，应对医院部门开展应急能力的评估。

Ian Mitroff等人通过专家评分法建立突发公共卫生事件应急能力评估体系，该学者向应急管理部门分发应急能力评估问卷，要求机构专家对不同属性的指标进行评分，最后经过结果反馈，计算权重，撰写分析评估情况和分析报告。Jeffrey S. Simonoff在研究中指出，应该对社区基础设施空间进行应急能力评估，通过应急管理专业人才评估小组，进行集体讨论和打分，评选出相关指标及指标权重，随后针对该评价体系对社区基础设施空间进行打分，提出优化措施。Zuckerman T.De Sa J. 通过对公共卫生事件的现状和具体案例研究，以定性定量结合的方式，结合危机管理、多级传播等相关理论，对突发公共卫生事件的应急能力进行分析，得出应对政策。

3）医疗卫生体系

国外针对突发公共卫生事件的医疗卫生体系研究主要是对医疗救治体系的研究。美国的救治体系是在保障美国国家安全的前提下快速启动公共卫生实验机构到现场进行调查，并迅速启动医学应急网络，随时准备对病患的救治。英国在应对突发公共卫生事件时的医疗救援体系，是由初级保健联合体（由政府提供资助的家庭医生组成，起到初步诊断等作用）和国民健康服务联合体（传统的医院形式，提供传染病等特殊疾病的治疗）构成。日本对医疗体系在应对突发公共卫生事件中作用的研究较早，首先是由高校附属医院、检疫所、国立研究所、卫生局共同构成独立的公共卫生医疗卫生体系，其次是由各层级卫生健康局、医院、卫生试验所构成的地方级别的公共卫生医疗体系。

1.2.2.2　国内研究现状

1. 理论层面研究

早在我国的春秋时期，左丘明就在《左传》中提到"居安思危，思则有备，有备无患"的相关危机理论，提醒人们要树立忧患意识，做到提前预防，这样才能有效防范危机。

秦启文通过研究发现，突发公共事件是有规律可循的，它的诱发因素是不可避免的。李明强等人证实突发事件的发生是一个比较模糊但重要的概念，指在一定范围内偶然地、出乎意料地，对居民财产、健康和社会秩序造成伤害的事件，更加强调偶然性。从含义中也可得知其具有"突发性""影响性"的特点，会产生连锁反应导致巨大的影响。杨涛提出突发事件是紧迫、不可预测的，但在爆发前会有一定的潜伏期。政府需要干预建立监测机制，评估突发公共卫生事件的规律和情况，使政府和公众能够提前做好准备，尽量减少危害。周维栋指出突发公共卫生事件的一般定义，即具有突然性、对公众健康带来或可能带来威胁的、重大传染性疾病或群体不明原因疾病的事件。

2. 实践层面研究

1）应急管理方面

薛澜指出应急管理系统是由政府或者其他机构应对突发公共卫生事件的系统，应通过对我国应急系统演变的梳理，找出应急管理未来的发展方向。应当从被动应急到主动应急，通过政府以及规章制度去推进公共治理和应急管理的发展。吴东平阐述了我国应急管理的发展现状，通过对以往公共卫生事件的分析，找出了我国在应急管理方面存在的问题：缺乏应急管理培训、缺少资金支撑、媒体沟通不足等，并总结出了我国应急管理的经验。陈安等人对突发事件和应急管理两者之间的机理进行了分析，构建起"4L-5S"机理模型，使得我国应急管理体制更加具有系统性、现代思维逻辑性。郭济在他的著述中分析了我国面临突发公共卫生事件的现状及其发生规律，阐述了政府在应急管理中的举措和工作流程以及决策机制。决策机制具体包含信息披露机制、应急决策机制、处理协调机制、善后处理机制。

2）应急体系和应急能力

郑双忠等人构建了城市突发公共事件应急能力评估体系，以南方某城市为例进行应急能力评估，根据评估结果提出相应的建议。辛向阳提出政府在应对重大突发事件中需要具备法治、合作、应用沟通、政府协调、决策、信息管理等能力。陈远理认为提高医院应急能力应该准备充沛的物资、周密的应急方案、应急人员培训以及与社会相关组织机构进行合作，充分运用互联网技术提高医院后勤应急保障能力。邓云峰等学者利用统计学等方法对南方某城市的应急能力进行评估，得出了该城市18类指标的评分，提出了在应急能力方面的建议。李松光通过相关文献评阅和专家论证，总结得出突发公共卫生事件下县级疾控机构应急评价指标，运用层次分析法，构建了基于突发公共卫生事件的县级疾控应急能力评价体系，并进行了实证研究。

3）医疗卫生体系

2003年的"非典"事件，暴露出我国公共卫生体系的脆弱性。为有效解决问题，完善公共卫生体系，消除突发公共卫生事件造成的危害，国家颁布了《突发公共卫生事件应急条例》。我国已初步形成由传染病医院、大型综合医院传染病科、专科防治机构、急救机构和职业中毒治疗机构组成的医疗治疗体系。在"非典"的发生背景下，王军、李和平以山西为例，分析其医疗治疗体系存在的不足，提出建设更高效、快速、安全、覆盖面广的县乡医疗治疗体系。董伟康对我国医疗卫生体系现状进行了深入分析，探讨了突发公共卫生事件背景下对医疗卫生体系的影响，提出了优化建议。

1.2.2.3　重大突发公共卫生事件相关研究小结

综上所述，国外有关重大突发公共卫生事件研究高潮为"911"事件后，国内对于突发公共卫生事件的明确提出并形成理论研究成果是在2003年"非典"疫情暴发之后。本书梳理了重大突发公共卫生事件的相关研究，从应急管理、应急能力、医疗卫生体系等方面进行归纳研究，发现针对应急管理、应急能力的研究已日渐成熟，但针对医疗卫生体系的应急研究较少，或者说还不太成熟，结合城市规划对突发公共卫生事件的研究就更少。

1.2.3　风险评价相关研究概述

本小节的研究对象为风险评价，以中国知网数据库为源，关键词限定为"风险评价"，文献发表日期限定为2016—2021年，共有36948篇，由于文献量过大并且多数与本研究无关，所以将关键词再限定为"城市风险评价"和"国土空间规划风险评价"，据此检索发现共有2590篇相关论文，其中，涉及"城市风险评价"的学术期刊1247篇，学位论文1261篇，会议论文57篇，2015—2016年呈现迅速上升趋势，2016—2017年为平

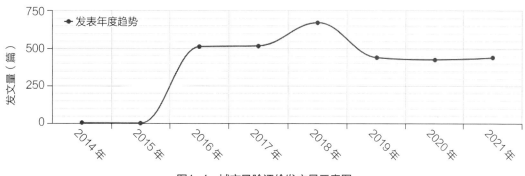

图1-4　城市风险评价发文量示意图

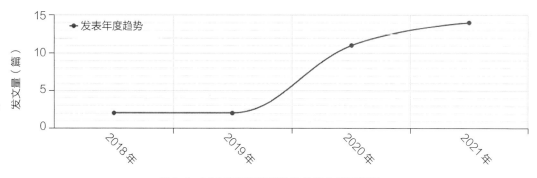

图1-5　国土空间规划风险评价发文量示意图

缓状态，2017—2018年出现小幅度上升现象，2018—2019年呈现下降趋势，2019—2021年呈现出平缓状态（图1-4）。涉及"国土空间规划风险评价"的学术期刊7篇，学位论文8篇，2019—2021年呈现上升趋势（图1-5）。

1.2.3.1　国外研究现状

1. 理论层面

生活中无时无刻不充斥着风险，从而促使了人类对风险的探索。针对风险的系统性研究最早出现于19世纪西方经济学领域，美国学者John Haynes认为风险是一种损失或损害的可能性。随后风险被用于各个行业的研究中，1991年联合国救灾组织定义风险是一种期望损失值，是对特定的自然现象、某一类风险和风险元素引发后果而导致生命、财产、经济损失的数值。

2. 实践层面

1）自然灾害

美国学者在保险领域对洪水灾害风险进行绘图，英国、德国随后也开始绘制本国的洪水灾害风险图。日本政府对洪涝灾害进行风险评价。学者Arnold M.、Chen R. S. 等人针对自然灾害频发地区，对濒临海岸线的地区建立了三个风险评价指标，并对其进行风险评价和结果分析。Mejia-Navarro M. 等学者运用GIS技术对地质灾害进行风险评价并绘制风险图。

2）城市道路交通

城市中的道路交通安全涉及城市发展、居民出行安全，故此道路交通安全风险评价是需要被高度重视的一项研究。在20世纪90年代，瑞典、荷兰、英国开始着手研究城市道路交通的风险评价和相应的实施标准。Gitelman V. 等学者通过对配置人行横道对交通事故发生的影响进行研究，采用负二项回归模型去确定影响事故的因素，继而对道路交通进行风险评价。Athanasios Galanis等人将道路交通中的人行道安全、城市道路类型与交通流量进行风险分析。

3）建筑层面

Beck V.R. 构建了建筑火灾风险评价模型。Ibrahim M.N. 等学者通过研究发现对于建筑火灾的影响因素中，从消防的层面切入研究，消防管理影响最大；从建筑本身的角度来研究，灭火系统影响最大。他将层次分析法运用到建筑火灾风险体系研究中，对数据进行处理分析，得出指标权重，量化火灾风险。

1.2.3.2　国内研究现状

1. 理论层面

我国学者在国外基础上进行风险的理论研究。黄崇福把风险分为真实风险、统计风险、预测风险、察觉风险四类。岑慧贤等人根据目前研究，将风险定义为不期望的事件、结果发生的概率。向喜琼认为风险是造成一定的人员和财物损害的某一灾害发生的概率。

2. 实践层面

1）自然灾害

我国从20世纪80年代后开始对灾害进行风险评价。学者罗培基于成灾环境、灾害发生可能性、承灾体易损性等风险要素，选取地貌、灾害发生频率、人口、社会经济等因子建立评价体系，运用模糊评价法建立相应的数学模型，并以重庆干旱灾害为例进行风险评价，通过Mapinfo Professional软件对重庆进行干旱灾害风险评估和风险区域划分。王爱等人探讨城市火灾风险空间格局特征，以合肥为例，基于火灾风险POI点、夜间灯光影响数据、消防站、道路等信息进行城市火灾风险评估，对消防站点布局进行优化，建立科学防控火灾体系。

2）城市道路交通

程巧梦、张广泰等人从微观和宏观角度分析影响城市交通安全的因素，总结现有道路交通安全风险评价体系，解决现有评价体系中存在的指标量化不足、指标涵盖不全的问题，构建城市道路交通安全风险评价指标体系，运用层次分析法确定体系权重。赵学刚针对城市道路交通安全风险耦合分析，基于城市道路交通安全风险控制系统，提出针对不同城市道路类型的安全风险评价，降低交通事故，提升人们的出行安全和生活品质。宋全明提出城市道路交通安全是指人、车、环境三个要素安全，随着道路交通的发展，各地城市道路发展不均衡，其面对的风险也是越来越多，已经严重威胁到群众生命财产安全，因此有必要加强城市道路交通安全风险研究和管理。

3）建筑层面

我国对建筑火灾风险评价的研究开始较晚，随着高层建筑数量增多，建筑火灾频发，我国学者也越来越重视建筑火灾风险的研究。方甫兵以昆明城中村为例，首先获取城中村建筑火灾风险数据，利用古斯塔夫危险度法从楼层和单体建筑两个方面进行火灾风险评价，分析其建筑火灾风险，提出建筑火灾风险评价能有效预防和控制火灾。通过对超高层建筑的调查，韩如适和张向阳提出，火灾发生时人员安全疏散是降低风险的重要途径，为火灾风险评估提供了参考。方正、陈娟娟等人研究商场类建筑火灾的特点和原因，构建商场类建筑火灾风险评价体系，并采用专家打分法、层次分析法和聚类分析法确定其权重值。

4）国土空间

我国学者李义萌、张顺等人认为风险评估应作为国土空间规划"双评估""双评价"的重点内容，是有效实施国土空间规划的前提。文章以东台市为例，利用GIS技术分析东台市自然灾害、生产安全、公共卫生等对国土空间安全带来的风险，提出预防各类风险的措施，优化国土空间布局。孔垂锦等学者以国土空间保护开发利用风险评估为研究方向，总结国土空间领域存在的风险，运用风险矩阵模型和空间分析方法对云南省国土空间保护开发风险进行分析，评估了3项一级指标、14项二级指标、41项三级指标，对云南省进行国土空间保护开发的风险等级进行划分。

1.2.3.3　风险评价相关研究总结

综上所述，国外对于风险研究起源于19世纪的经济学中，20世纪逐步被引入灾害学。20世纪90年代，我国处于对风险评价和城市灾害研究的起步期。从理论研究和实际应用研究的归纳梳理可见，国内外的风险评价主要是在自然灾害风险评价、道路交通风险评价、建筑火灾风险评价等方面进行研究，较少涉及国土空间规划或城乡规划风险评价，基于突发公共卫生事件的国土空间风险的研究则更是寥寥无几。

1.2.4　国内外研究综述总结

根据上文对突发公共卫生事件、国土空间规划、风险评价三个主题的国内外研究动态进行分析和回顾可得出，现状研究中还存在如下问题需要进一步研究探讨。

1. 理论层面

针对突发公共卫生事件理论基础的研究相对较为成熟，但其与城市规划、国土空间规划等多学科理论融合有待进一步加强。针对国土空间规划体系构建较为完善，主要研究集中在自然灾害评价研究、"双评价"研究等方面。针对风险评价也主要是自然灾害评价研究。目前未有明确的基于突发公共卫生事件的国土空间规划风险评价体系的学术研究。

2. 实践层面

突发公共卫生事件多应用于政府应急管理、应急能力评估。风险评价实际应用多倾向于城市自然灾害风险评价。国土空间规划多实践于"双评价"、规划实施评价和社区评价。但把突发公共卫生事件以及风险评价应用于国土空间规划研究和实践的文献数量仍较少。

3. 研究方法

现有文献评价多是定性评价，主观性分析，缺少科学的定量评价。

目前，虽未有基于突发公共卫生事件的国土空间规划风险评价的直接研究成果，但是通过梳理国内外相关文献，仍有助于对本研究提供思路和理论支撑以及实践层面的借鉴（表1-4）。

研究综述　　　　　　　　　　　　　　　　　　　表1-4

研究方向	国外研究	国内研究
理论层面	突发公共卫生事件、危机管理、突发事件管理理论、应急管理、空间规划、田园城市、广亩城市、风险	突发事件、应急决策机制、应急管理、空间规划、国土空间规划、多规合一、风险
实践层面	美国公共卫生管理的特征，菲律宾洪水灾害评估风险指标和灾害修复力，美国州政府与地方政府防灾应急能力评价系统，日、德、英、美、荷国土空间规划体系，日本洪涝灾害风险评价	南方某城市应急能力评估，山西突发公共卫生事件下的医疗救治体系，我国国土空间规划体系，溧阳县国土空间土地开发格局，上海、北京城市总体规划实施评估，沿海地区自然灾害风险评估，合肥城市火灾风险评估
研究方法	GIS空间分析法、层次分析法、专家评分法	GIS空间分析法、层次分析法、实地调研、问卷调查、专家评分法、模糊综合评判法

第 2 章
突发公共卫生事件及
国土空间规划研究
主体内容解析

2.1 相关概念界定

2.1.1 国土空间规划

2.1.1.1 国土空间概念

《全国主体功能区划》提到国土空间可被分为生态空间、农业空间、城镇空间三类空间，定义为在国家主权和主权管辖之内的地域空间，是我国国民生存的场所和环境。生态空间是指可维护生物多样性的空间，起到了保护生态系统安全的作用，是人类生产生活的基础环境保障空间；农业空间是指农业人口进行生产和生活的空间；城镇空间是指非农业人口进行生产和生活的空间。

不同空间灾害防控重点不同（图2-1）。生态空间具有自然属性，主要是受到自然灾害、人为灾害、病虫害等灾害的威胁，相对于突发公共卫生事件受到的影响相对较小；农业空间主要受自然灾害、突发公共卫生事件威胁，其基础设施、防疫能力较为薄弱；城镇空间主要受到自然灾害、人为灾害、突发公共卫生事件的威胁，建设强度大、人口较为密集、受灾范围广、承灾能力较弱。由此可见城镇空间需要面对的突发公共卫生事件风险较广，本研究因此针对城镇空间展开。

2.1.1.2 国土空间规划概念

为了解决发展与保护之间的失衡问题，在20世纪80年代欧盟提出了空间规划概念。随后我国也逐步开展相关研究，张京祥提出空间规划是在一定时间和一定的范围内，

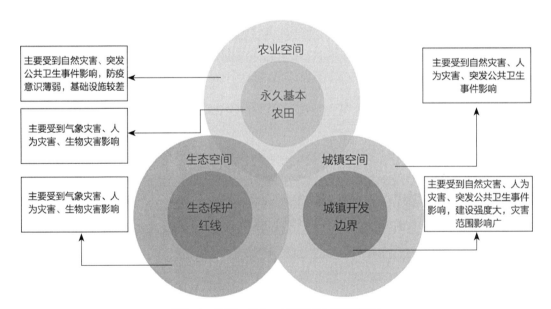

图2-1 生态、农业、城镇空间风险防控图

有关部门对空间进行治理的一系列方法的总称。国土空间规划的作用是协调国土空间资源和社会经济发展之间的关系，因此其指国家或地区对一定范围内的国土空间资源，如土地利用、生态环境、产业、矿产、公共设施、基础设施等进行合理配置、长远安排和统筹谋划。《中共中央 国务院关于建立国土空间规划体系并监督实施的若干意见》指出，国土空间规划是对一定区域内的国土空间开发保护在空间和事件上作出的安排。

新时期我国国土空间规划随着《关于建立国土空间规划体系并监督实施的若干意见》的颁布逐渐明确，综合考虑人口、经济、国土利用、生态环境等要素，科学合理地布局生产空间、生活空间、生态空间，形成了"五级三类四体系"的国土空间规划体系。其中"五级"是依据我国的行政管理单位划分，是纵向的，包括有全国、省级、市级、县级、乡镇级。"三类"是基于规划内容侧重点及规划的深度、广度的不同而进行的分类，是横向的，包括总体规划、详细规划、专项规划。"四体系"是保障规划程序完整性的相关法律，包括规划的编制审批体系、实施监督体系、法律政策体系以及技术标准体系。国家级、省级为下位规划提供指导、方向，是总的纲领和战略导向。市级负责对省级规划相关内容进行落实，并结合自身具体情况实施空间规划的布置安排。县级、乡镇级均是落实上级规划进行空间部署（图2-2）。

1. 国土空间总体规划

总体规划是综合考虑社会、经济、空间的统筹性战略规划，是从大格局定位其发展方向、空间治理和整体结构，具有战略性、整体性、引导性和约束性。国家级的国土空间总体规划是国家战略部署。省级国土空间总体规划是明确该区域的发展定位和总体结构。市级国土空间总体规划是承接上位规划进行空间整体结构优化和落实，并对县级国土空间规划具有把控力。县级国土空间总体规划是落实上级规划，并对该县域内的国土空间进行规划落实。乡镇级国土空间总体规划同样是承接上位规划并落实。在面对突发

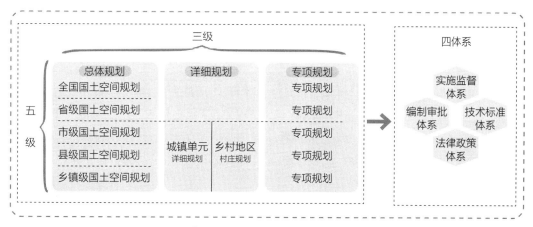

图2-2　"五级三类四体系"的国土空间规划体系

公共卫生事件时，总体规划编制应增设突发公共卫生事件专业规划内容，起草相关规章、规范性文件，通过总体规划保障空间落实，总体把控各资源要素配置，形成指导国土空间规划防控突发公共卫生事件的战略层面内容。

2. 国土空间详细规划

详细规划是在总体规划或专项规划的基础上更加详细具体的规划，是对总体规划的延伸，是对局部地区的地块用途、空间环境进行具体的全要素空间规划和管控。包括土地使用性质、绿地率、建筑密度等用地指标以及基础设施、公共服务设施的数量规模等。在面对突发公共卫生事件时，详细规划应通过落实总体规划和专项规划中有关突发公共卫生事件的相关内容，对地块内的建设控制指标进行合理制定，对各类设施的空间布局进行合理规划。在详细规划层面还应加强针对突发公共卫生事件的国土空间规划在管理实施上的探索研究。

3. 国土空间专项规划

专项规划是以总体规划为依据，对国土空间某一特定类型的深入规划。专项规划必须和总体规划相衔接，其更具有专一性、针对性，包括城市群和都市圈规划、自然保护地规划以及交通、水利、能源、城市绿地、文物保护的国土空间规划等。在面对突发公共卫生事件时，可增设综合性的针对突发公共卫生事件的专项规划，补充传统规划的不足。

2.1.1.3 国土空间规划特点

1. 规划编制具有科学性、战略性、协同性

新时期国土空间规划体现了国家的发展方向和定位以及战略部署，并将计划进行空间上的落实，体现出其战略性。我国国土空间规划的编制坚持以人为本的原则。在充分尊重自然生态环境，遵循社会客观规律的基础上，以生态文明建设为出发点，利用大数据进行管理分析研究，体现其科学性。除了各类型规划的协同性外还要在规划编制与规划管理上做到协同，保障规划的适用性、管用性和可操作性，实现"编管用"一体。

2. 全空间全要素覆盖

国土空间规划是对全要素进行管控，对全空间进行统筹规划。全要素管控，即完善对城乡用地结构、交通、公共服务设施、基础设施、文化、风貌、水利能源，也同样包括山、水、林、田、湖、草、人、车、路、地、房等所有自然、人文要素点位的管控。全空间管控，即要做到对城乡、陆地、海域、地上地下空间等所有空间的全面覆盖，全面掌控。

3. 上下联动

国土空间规划是一个庞大的体系，在编制内容上"五级三类"要上下联动，相互协

同。对于各个部门要做到工作机制上下联动，上级政府要对各地进行指导，下级政府要落实上级规划。充分发挥自下而上的群众组织力量，在国土空间规划中要注重公众参与互动。同时，"三类"规划之间也要统筹兼顾、互相协调、彼此联动。

2.1.1.4　规划评价

规划评价是国土空间规划编制工作的基础，是对规划工作实施情况的监督、分析、衡量、评定，是发现规划现状问题的方法，主要包括三类：对现状评价，对实施过程评价，对实施结果评价。本书中国土空间规划评价是指对国土空间的现状进行评估，为国土空间规划编制工作提供借鉴，体现出国土空间的未来性和战略性。

综合国土空间规划相关概念，城镇空间需要面对的突发公共卫生事件风险较多，因此本研究针对城镇空间展开；本书中国土空间规划评价是指对国土空间的现状进行评估。

2.1.2　突发公共卫生事件

2.1.2.1　突发公共事件概念

突发公共事件在《国家突发公共事件总体应急预案》中是指，突然发生，为社会带来或可能带来严重危害的需要启动紧急处理措施的事件。分为四类：自然灾害、事故灾害、公共卫生事件、社会安全事件（表2-1）。

突发公共事件类型及其内容　　　　　　　　　　　　表2-1

类型	包含内容
自然灾害	地震、山体滑坡、火山爆发、海啸、泥石流等地质灾害；森林火灾；洪水、干旱、台风、冰雹、酸雨、沙尘暴、极端天气等气象灾害
事故灾害	交通运输事故、工矿安全事故、水电气热公共设施、设备事故、核辐射、环境污染等
公共卫生事件	传染病疫情、食物中毒、群体性不明原因疾病、动物疫情、职业中毒等
社会安全事件	恐怖袭击、经济安全、民族宗教事件、涉外突发事件、重大刑事案件等

2.1.2.2　突发公共卫生事件概念及分类

突发公共卫生事件是突发公共事件的一种，《突发公共卫生事件应急条例》中明确指出其含义是：包括有重大传染病疫情、群体性不明原因疾病、重大食物中毒、职业中毒以及其他严重损害公众健康的突然发生的对社会安全和公众健康造成或可能造成伤害的事件。按照突发公共卫生事件严重程度，共分为四级：特别重大、重大、较大、一般（表2-2）。

突发公共事件分级表   表2-2

等级	颜色	危害程度	影响涉及范围	管控
特别重大（Ⅰ级）	红	规模极大，后果极其严重	涉及范围超出本省	由中央政府或省区政府进行
重大（Ⅱ级）	橙	规模大，后果特别严重	涉及一个市以内或两个市以上	由省区级政府相关部门进行
较大（Ⅲ级）	黄	后果严重，影响范围大	涉及一个县以内或两个以上县	由县级或者市级政府部门进行
一般（Ⅳ级）	蓝	造成后果，产生影响	局部影响在基层内部	由县级政府部门进行

在突发公共卫生事件中，传染病类疫情在短时间内波及范围广，影响程度大，防控难度大，且随着社会经济发展，交通愈来愈便捷，人员流动性增加，传染性疾病的传播速度也随之提高。

2.1.2.3 突发公共卫生事件特点

1. 成因多样

通过对突发公共卫生事件概念的了解，可以发现其成因是多样的。除传染病外，自然灾害和其灾害后可能带来的疫情，还有环境污染、社会安全事件、事故灾害等都可能是突发公共卫生事件的成因。

2. 分布差异性

突发公共卫生事件在季节时间上和地理区位上都存在差异。如"新冠"肺炎疫情在冬季时传播更快，肠胃性传染疾病更容易在春夏季出现，北方与南方出现的传染病也不同，即使同地区同一个季节，在不同人群中患病率也存在差异。

3. 传播范围广

这一特点与目前正处在全球化的时代息息相关，当前各国的交通发展迅速，人员互相流动性提高，导致疫情传播速度加快，传播范围更广，甚至造成跨国界的全球性传播，且传染性疾病发生时间间隔越来越短，愈加频发。

4. 危害性大

突发公共卫生事件发生后，各地都会不同程度地出现推迟复工复课的情况，对社会生活、经济发展等都造成了极大的危害。

5. 综合性治理

在突发公共卫生事件发生后，需要各部门快速作出反应，在治理中需要各相关单位互相协作。需要科学技术的合作、各责任部门的合作、社会组织的合作、国际和国内的合作。加强综合治理才能更加快速有效地进行处置。

综合突发公共卫生事件概念、分类、特点，可知传染性公共卫生事件严重威胁到了人民群众健康、社会稳定和经济的发展，因此，本书以传染性疫情的突发公共卫生事件为研究对象。通过采取大规模核酸筛查、追踪隔离密切接触者、分类管理风险地区和人群、增加社交距离和严格出行管理等综合防控措施，大部分新冠肺炎本土疫情均较快得到有效控制，积累了宝贵的疫情防控经验。本书对突发公共卫生事件的控制更加注重可实施性和可操作性，指标的选择应尽可能落实性强、具体和详细。

2.1.3　风险评价

2.1.3.1　风险相关概念

现阶段对于风险没有一个很明确的、普遍接受的定义。最初"风险"一词提出是在经济领域、保险行业。当前对于风险的定义，从广义上来讲是指事件形成和发生过程的不确定性。狭义上的风险，在不同领域有着众多的含义和解释，但其共性的一般含义是指：某一事件发生的概率与不确定性结果的组合。对于本书而言，风险更多是指狭义上的，是突发公共卫生事件对国土空间安全带来损害的可能性、不确定性。

风险理论模型研究有明确的时间脉络，随着研究的深入，模型也在不断地变化发展，直到现在还依然处于动态发展状态。表2-3所示即为不同时期的风险理论模型。

风险理论模型 表2-3

研究学者/机构	年份	风险理论模型
联合国	1991年	风险=致灾因子×脆弱性×暴露性
Smith	1996年	风险=发生概率×损失
Carreno, et al.	2000年	风险=硬件风险（对物质基础设施以及环境的风险）×软件风险（对机构组织和社仑群体的经济风险）
IPCC	2001年	风险=发生概率×影响程度
Carreno, et al.	2004年	风险=物质破坏（物体的暴露性、易损性）×影响因子（恢复力和应对力）
张继权	2006年	风险=危险度×暴露程度（财产损失）×脆弱性×防灾减灾能力
葛全胜	2008年	风险=致险度×暴露性×敏感性×应对能力

2.1.3.2　风险评价概念

风险评价是运用定量分析和描述等方法对不期望发生的事件发生或某一事件发生产生不好结果的概率进行统计、分析、量化、评判的过程；是对一段时期内生命健康、财产、生态等安全受到伤害的可能性作出系统性评估的过程；是风险与风险准则比较，将风险严重程度进行确定的过程。

风险评价包括承灾体的暴露性和易损性、恢复能力评价。承灾体具有的暴露性和易损性，决定了其在灾害发生时会产生一定的损伤，而这种损伤可导致整个承灾体的不稳定。国土空间和城市中的承灾体主要是人口和基础设施，其表现出更明显的暴露性和易损性，承灾体状态代表了城市的暴露性和易损性状态。抗灾恢复能力是指抵抗和减少突发公共事件发生带来冲击、造成损失的能力，主要是考量公共服务设施、应急设施、应急治理等方面的效用、效能和效率，其效用、效能和效率代表了城市的抗灾恢复能力。

2.2 相关理论内涵

2.2.1 健康城市理论

健康城市的概念最早出现在公共健康领域，随后从狭义的公共卫生健康发展到如今国家战略主导的城市健康理念（表2-4）。健康城市于1984年首次被世界卫生组织提出，并于1994年正式将其定义为：是由健康的人类、环境、社会三者共同构成的一个有机结合体，可改善环境、扩大社区资源的调度能力，使居民相互支持，从而来实现城市最大潜能的发挥整体。本书以健康城市为基础理论，将其应用到规划学科中，是通过对土地使用、空间形态、道路交通、绿色开放空间的规划，来影响城市和居民的健康，打造更加健康的城市。

健康城市理念及实践演进示意   表2-4

发展理念	发展时间	主导因素	主要理念和实践
狭义健康理念	1840—1970年	公共卫生理论主导	1844年英国成立"城镇健康协会" 1948年世界卫生组织成立
大健康理念	1970—2000年	健康决定因素理论主导	1984年健康城市理念 1986年《渥太华健康促进宪章》 1994年中国健康城市试点
广义健康理念	2000年至今	国家战略主导	2010年《美国健康公民2020计划》 2015年《健康欧洲2020战略》 2016年《健康中国2030战略》 2018年中国成立国家卫生健康委员会

2.2.2 韧性城市理论

韧性通常是指某一物体对外界冲击的适应能力和承受冲击后的恢复能力。最初韧性出现在生态学家霍林的研究中，随后社会学、公共管理学等学科引入韧性一词。韧性城市理论的提出目的是为了增强城市抵御各类灾害和风险的能力。韧性城市指城市在面对自然灾害、社会动荡等各类风险时的适应能力和之后的恢复能力。韧性城市就像海绵一样可以吸收外界冲击，并依靠自身结构来降低外界冲击带来的伤害，保障城市正常运转（图2-3）。随着人口的增长，城市的扩张，城市将面临不断增多的风险，所以对增强城市抵御能力、增强城市韧性的研究越发显得重要而紧迫。应通过国土空间规划优化城市布局，打造韧性空间，提升城市应对各类风险的能力。由此可知，韧性城市是面对风险灾害时的一种有效手段，是完善城市应对风险能力的有效措施。本书以提升城市韧性为目标，通过对国土空间中重要设施和要素进行合理分配，以期提高城市面对突发公共卫生事件时的韧性。

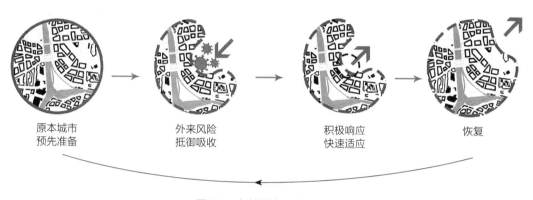

图2-3　韧性城市理论过程图

2.2.3　风险社会理论

乌尔里希·贝克最早提出了风险社会这个词，他认为风险是现代社会的常态。在全球化的背景下，科学技术得到快速发展，城市和社会发展也被迅速推动，这种情况也造成全球风险形成的进度加快，风险已成为现代社会发展的必然产物和后果。在此基础上，风险理论被提出，贝克认为风险社会是客观存在的，风险发生是不易察觉、较为隐蔽、无法预知的。中国国土空间存在人口集聚、产业发展压力、生态污染等风险，这些风险共同交织构成了我国国土空间风险的背景，是影响我国风险社会的重要变量，对国家治理、国土管控形成难以规避的压力（图2-4）。本书以风险社会为理论基础，研究了国土空间规划在突发公共卫生事件风险下的问题与不足。

图2-4　国土空间下风险社会影响变量

2.2.4 危机管理理论

荷兰学者罗森塔将危机视为一种对社会产生严重威胁的行为构架，其具有不确定性和时间压力特性，需要快速作出应对决策的事件。危机管理理论是为了更好地处理突发公共卫生事件，尽可能降低突发事件带来的损害而提前建立起的预防、处理和应对体系。危机管理大致分为前、中、后三个阶段，即预防、处理和应对，在危机管理中预防是最为重要的，首倡将隐患消灭于萌芽之中。

本书在突发公共卫生事件的研究基础上，进行危机理论的研究，并将其分为三个阶段：灾前预防，灾中应急，灾后重建与灾后恢复。在突发公共卫生事件发生前及时预警；在事件发生时，能够提出有效干预策略，制止事件蔓延；在事件发生后，通过规划手段使城市提高韧性，尽快恢复到良好的状态，并以此提升预防灾害能力，从而形成良性循环。

2.2.5 马斯洛需求层次理论

心理学家马斯洛认为人们在不同的物质条件、不同的发展阶段下，其需求是不同的，他依据需求层次，把人的需求分成生理需求、安全需求、爱和归属感、尊重、自我实现（图2-5）。各个层次的需求都是相互依赖的，低层次需求被满足后，就会出现高层次需求，更高层次的需求就会成为新的需求。当高层次需求出现时，低层次需求仍然存在，但会降低低层次需求对行为的影响。每个个体都存在以上五种需求，只是迫切程度对于处于不同时期的不同个体来说是不同的。

图2-5 马斯洛需求层次理论图

在突发公共卫生事件中，因人们的种种行为受到限制，人的需求也随即发生相应变化，转变为一种简化的需求，它与非特殊时期人的需求是不同的，包括生理需求、安全需求、归属感，即城市应满足人们的基本需求，保障正常运转，构建交往空间，促进居民心理健康（图2-6）。

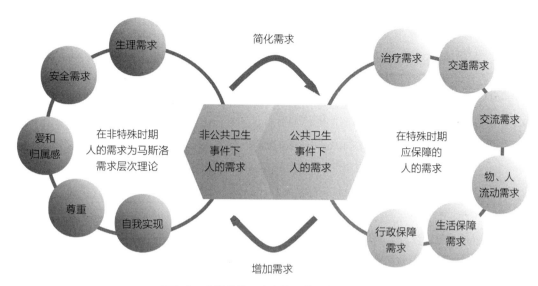

图2-6 突发公共卫生事件下的马斯洛需求理论

2.3 现行规划指标研究

2.3.1 土地利用总体规划

为了更好地统筹土地资源的开发、保护和利用，我国于2008年10月编制了《全国土地利用总体规划纲要（2006—2020年）》，其主要内容是阐述国家土地利用战略，其是土地管理制度的纲领性文件，其中提出了相关的指标体系，包括总量指标、增量指标、效率指标三类，以及15项调控指标（表2-5）。

规划指标体系   表2-5

指标类型	指标名称	指标属性
总量指标	耕地保有量	约束性
	基本农田保护面积	约束性
	园地面积	预期性
	林地面积	预期性
	牧草地面积	预期性
	建设用地总规模	预期性
	城乡建设用地规模	约束性
	城镇工矿用地规模	预期性
	交通水利用地规模	预期性

续表

指标类型	指标名称	指标属性
增量指标	新增建设用地总量	预期性
	新增建设占用农用地规模	预期性
	新增建设占用耕地规模	约束性
	整理复垦开发补充耕地义务量	约束性
	国家整理复垦开发重大工程补充耕地规模	预期性
效率指标	人均城镇工矿用地	约束性

资料来源：参考文献［113］。

2.3.2　城市总体规划

以落实多规合一为目的，住房和城乡建设部出台了《关于城市总体规划编制试点的指导意见》（建规字〔2017〕199号）。其中有关城市总体规划的指标出现了新的变化，围绕坚持创新发展、坚持协调发展、坚持绿色发展、坚持开放发展、坚持共享发展、提升居民获得感六方面进行新指标体系构建（表2-6）。

规划指标体系（试行） 表2-6

目标	指标		单位
坚持创新发展	受过高等教育人口劳动年龄人口比例		%
	当年新增企业数与企业总数比例		%
	研究与实验发展（R&D）经费支出占地区生产总值的比重		%
	工业用地地均产值		亿元/平方公里
坚持协调发展	常住人口规模	市域常住人口规模	万人
		市区常住人口规模	万人
	人类发展指数		
	常住人口人均GDP		万元
	城乡居民收入比		
	城镇化率	常住人口城镇化率	%
		户籍人口城镇化率	%
	城镇建设用地	城乡建设用地总规模	km²
		各市县城乡建设用地规模	km²
		集体建设用地比例	%
		人均城乡建设用地	m²
		农村人均建设用地	m²

续表

目标	指标		单位
坚持协调发展	用水总量		m³
	人均水资源量		m³
	耕地保有量		万亩
	森林覆盖率		%
	河湖水面率		%
坚持绿色发展	农村人均环境	农村自来水普及率	%
		农村生活垃圾集中处理率	%
		农村卫生厕所普及率	%
	城镇、农业、生态三类空间比例		%
	国土开发强度		%
	（城镇）开发边界内建设用地比重		%
	水功能区达标率		%
	城市空气质量优良天数		天
	单位地区生产总值水耗		立方米/万元
	单位地区生产总值能耗		吨标煤/万元
	中水回用率		%
	城乡污水处理率		%
	城乡生活垃圾无害化处理率		%
坚持绿色发展	绿色出行比例		%
	道路网密度		km/km²
	机动车平均行驶速度		km/h
	新增绿色建筑比例		%
坚持开放发展	年新增常住人口		万人
	互联网普及率		%
	国际学校数量		个
坚持共享发展	人均基础教育设施用地面积		m²
	人均公共医疗卫生服务设施用地面积		m²
	人均公共文化服务设施用地面积		m²
	人均公共体育用地面积		m²
	人均公园和开敞空间面积		m²
	人均紧急避险场所设施用地面积		m²
	人均人防建筑面积		m²
	社区公共服务设施步行15min覆盖率		%
	公园绿地步行5min覆盖率		%
	社区养老服务设施覆盖率		%
	公共服务设施无障碍普及率		%

续表

目标	指标	单位
提升居民获得感	居民满意度	居民对当地历史文化保护和利用工作的满意度	%
		居民对社区服务管理的满意度	%
		居民对城市社会安全的满意度	%

资料来源：参考文献［114］。

2.3.3 国土空间规划

《市级国土空间规划总体规划编制指南（试行）》（自然资办发〔2020〕46号）由自然资源部颁发，对各地的市级国土空间规划提出了指导性意见。在其内容中对市级国土空间规划指标体系作出了规定。从空间底线、空间结构与效率、空间品质三方面列出35个指标构建体系（表2-7）。

为促进我国城市高质量发展，通过有效的国土空间规划，使城市更加美好，自然资源部发布了《国土空间规划城市体检评估规程》TD/T 1063—2021，提出了国土空间规划城市体检评估指标。从安全、创新、协调、绿色、开放、共享六个方面对城市进行体检评估（表2-8）。

规划指标体系　　　　　　　　　　　表2-7

指标项	指标属性	指标层级
空间底线		
生态保护红线面积（km²）	约束性	市域
用水总量（亿m³）	约束性	市域
永久基本农田保护面积（km²）	约束性	市域
耕地保有量（km²）	约束性	市域
建设用地总面积（km²）	约束性	市域
城乡建设用地面积（km²）	约束性	市域
林地保有量（km²）	约束性	市域
基本草原面积（km²）	约束性	市域
湿地面积（km²）	约束性	市域
大陆自然海岸线保有率（%）	约束性	市域
自然和文化遗产（处）	预期性	市域

续表

指标项	指标属性	指标层级
地下水水位（m）	建议性	市域
新能源和可再生能源比例（%）	建议性	市域
本地指示性物种种类	建议性	市域
空间结构与效率		
常住人口规模（万人）	预期性	市域、中心城区
常住人口城镇化率（%）	预期性	市域
人均城镇建设用地面积（m²）	约束性	市域、中心城区
人均应急避难场所面积（m²）	预期性	中心城区
道路网密度（km/km²）	约束性	中心城区
轨道交通站点800m半径服务覆盖率（%）	建议性	中心城区
都市圈1h人口覆盖率（%）	建议性	市域
每万元GDP水耗（m³）	预期性	市域
每万元GDP地耗（m²）	预期性	市域
空间品质		
公园绿地、广场步行5min覆盖率（%）	约束性	中心城区
卫生、养老、教育、文化、体育等社区公共服务设施步行15min覆盖率（%）	预期性	中心城区
城镇人均住房面积（m²）	预期性	市域
每千名老年人养老床位数（张）	预期性	市域
每千人口医疗卫生机构床位数（张）	预期性	市域
人均体育用地面积（m²）	预期性	中心城区
人均公园绿地面积（m²）	预期性	中心城区
绿色交通出行比例（%）	预期性	中心城区
工作日平均通勤时间（min）	建议性	中心城区
降雨就地消纳率（%）	预期性	中心城区
城镇生活垃圾回收利用率（%）	预期性	中心城区
农村生活垃圾处理率（%）	预期性	市域

资料来源：参考文献［115］。

国土空间规划城市体检评估指标体系　　　　表2-8

一级指标	二级指标	指标项	指标类别
安全	底线管控	生态保护红线面积（km²）	基本
		生态保护红线范围内城市建设用地面积（km²）	基本
		城镇开发边界范围内城乡建设用地面积（km²）	基本
		三线范围外建设用地面积（km²）	推荐
	粮食安全	永久基本农田保护面积（万亩）	基本
		耕地保有量（万亩）	基本
		高标准农田面积占比（%）	推荐
	水安全	湿地面积（km²）	基本
		河湖水面率（%）	基本
		用水总量（亿m³）	基本
		水资源开发利用率（%）	基本
		重要江河湖泊水功能区水质达标率（%）	基本
		地下水供水量占总供水量比例（%）	推荐
		人均年用水量（m³）	推荐
		再生水利用率（%）	推荐▲
		地下水水位（m）	推荐
	防灾减灾与城市韧性	人均应急避难场所面积（m²）	基本
		消防救援5min可达覆盖率（%）	基本
		年平均地面沉降量（mm）	推荐
		经过治理的地质灾害隐患点水量（处）	推荐
		防洪堤防达标率（%）	推荐
		降雨就地消纳率（%）	推荐
		综合减灾示范社区比例（%）	推荐▲
		超高层建筑数量（幢）	推荐
创新	创新投入产出	研究与实验发展经费投入强度（%）	推荐
		万人发明专利拥有量（件）	推荐
		科研用地占比（%）	推荐
		社会劳动生产率（万元/人）	推荐▲
	创新环境	在校大学生数量（万人）	推荐
		高技术制造业增长率（%）	推荐
协调	城乡融合	建设用地总面积（km²）	基本
		城乡建设用地面积（km²）	基本
		常住人口数量（万人）	基本
		实际服务管理人口数量（万人）	推荐▲
		常住人口城镇化率（%）	基本

续表

一级指标	二级指标	指标项	指标类别
协调	城乡融合	人均城镇建设用地面积（m²）	基本
		人均村庄建设用地面积（m²）	基本
		城区常住人口密度（万人/km²）	推荐▲
		存量土地供应比例（%）	基本
		等级医院交通30min行政村覆盖率（%）	推荐▲
		行政村等级公路通达率（%）	推荐
		农村自来水普及率（%）	推荐
		城乡居民人均可支配收入比（%）	推荐
	陆海统筹	海洋生产总值占GDP比重（%）	推荐
		大陆自然海岸线保有率（自然岸线保有率）（%）	基本
	地上地下统筹	人均地下空间面积（m²）	推荐▲
绿色	生态保护	森林覆盖率（%）	基本
		林地保有量（hm²）	推荐
		基本草原面积（km²）	推荐
		本地指示性物种种类（种）	推荐
		新增生态修复面积（km²）	推荐▲
		近岸海域水质优良（一类、二类）比例（%）	基本
	绿色生产	每万元GDP地耗（m²）	基本
		单位GDP二氧化碳排放降低比例（%）	推荐▲
		每万元GDP能耗（tce）	推荐
		每万元GDP水耗（m³）	基本
		工业用地地均增加值（亿元/平方公里）	推荐▲
		新增城市更新改造用地面积（km²）	推荐▲
		综合管廊长度（km）	推荐
		新能源和可再生能源比例（%）	推荐
	绿色生活	城镇生活垃圾回收利用率（%）	基本
		农村生活垃圾处理率（%）	基本
		绿色交通出行比例（%）	推荐▲
开放	网络联通	定期国际通航城市数量（个）	推荐
		定期国内通航城市数量（个）	推荐
	对外交往	国内旅游人数（万人次/年）	推荐
		入境旅游人数（万人次/年）	推荐
		机场年旅客吞吐量（万人次）	推荐
		铁路年客运量（万人次）	推荐▲
		城市对外日均人流联系量（万人次）	推荐

续表

一级指标	二级指标	指标项	指标类别
开放	对外贸易	国际会议、展览、体育赛事数量（次）	推荐
		港口年集装箱吞吐量（万标箱）	推荐
		机场年货邮吞吐量（万t）	推荐
		对外贸易进出口总额（亿元）	推荐
共享	宜居	道路网密度（km/km^2）	基本
		森林步行15min覆盖率（%）	推荐
		公园绿地、广场步行5min覆盖率（%）	基本
		社区卫生服务设施步行15min覆盖率（%）	基本
		社区小学步行10min覆盖率（%）	基本
		社区中学步行15min覆盖率（%）	基本
		社区体育设施步行15min覆盖率（%）	基本
		足球场地设施步行15min覆盖率（%）	推荐
		人均体育用地面积（m^2）	推荐
		社区文化活动设施步行15min覆盖率（%）	推荐▲
		菜市场（生鲜超市）步行10min覆盖率（%）	推荐▲
		每千人口医疗卫生机构床位数（张）	基本
		市区级医院2km覆盖率（%）	基本
		城镇人均住房面积（m^2）	推荐
		年新增政策性住房占比（%）	推荐▲
		历史文化保护线面积（km^2）	基本
		自然和文化遗产（处）	推荐
		人均公园绿地面积（m^2）	推荐▲
		空气质量优良天数（d）	推荐
		人均绿道长度（m）	推荐▲
		每万人拥有的咖啡馆、茶舍等数量（个）	推荐
		每10万人拥有的博物馆、图书馆、科技馆、艺术馆等文化艺术场馆数量（处）	推荐▲
		轨道交通站点800m半径服务覆盖率（%）	推荐
	宜养	每千名老年人养老床位数（张）	基本
		社区养老设施步行5min覆盖率（%）	推荐
		每万人拥有幼儿园班数（班）	推荐▲
	宜业	城镇年新增就业人数（万人）	推荐
		工作日平均通勤时间（min）	推荐
		45min通勤时间内居民占比（%）	推荐▲
		都市圈1h人口覆盖率（%）	推荐

资料来源：参考文献［116］。

资源环境承载力是指在一定范围内的资源、环境要素，能够支撑该区域农业生产、城镇建设等活动的最大承载强度。国土空间开发适宜性指在保证生态系统健康的前提下，在一定区域内进行农业生产、城镇建设等活动的适宜程度。《资源环境承载能力和国土空间开发适宜性评价指南（试行）》通过对单个要素评价的集合及水资源、土地资源的限制条件，计算出农业、城镇的承载力及适宜性，划分出城镇、生态、农业的等级（图2-7）。

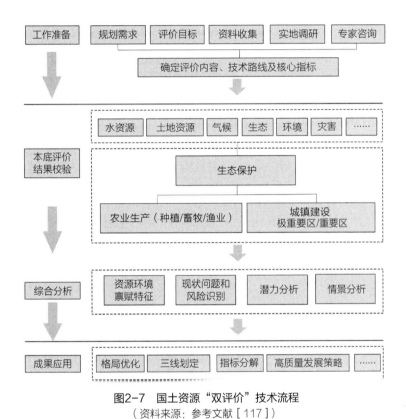

图2-7　国土资源"双评价"技术流程
（资料来源：参考文献［117］）

2.3.4　控制性详细规划

虽然现行的规划政策中还没有明确提出控制性详细规划指标，但根据相关资料可以归纳出包括土地使用、配套设施、建筑建造、居民行为活动等方面的控制性详细规划指标。具体指标内容如表2-9所示。

控制性详细规划指标内容　　　　　　　　　　　表2-9

指标名称	控制要素	具体控制指标
土地使用	土地使用控制	土地使用性质、土地使用兼容性、用地边界、用地面积
	环境容量控制	容积率、建筑密度、人口密度、绿地率
配套设施	公共服务设施	教育设施、文娱体育设施、医疗卫生设施、商业服务设施、行政办公设施、附属设施
	市政公用设施	给水排水设施、供电设施、交通设施、其他
建筑建造	建筑建造控制	建筑限高、建筑间距、建筑后退
	城市设计引导	建筑风格、建筑体量、建筑色彩、绿化布置、建筑小品、建筑空间组合
居民行为活动	交通活动	交通出入口、交通组织、停车位数量
	环境保护	通行车辆类型、污染物排放标准

资料来源：参考文献 [118]。

2.3.5　现行规划指标研究总结

现行各类规划形成了较为成熟的指标体系，不同指标体系内容各有侧重。土地利用总体规划主要针对用地规模，如耕地保有量、城市空间面积、城乡建设用地等。城市总体规划兼顾经济、社会、生态、资源等，对空间利用和布局提出要求，如GDP、人口规模、人均公共服务设施、绿化覆盖率等。国土空间总体规划以及国土空间规划城市体检评估指标体系，更加注重生活品质，如中心城区人均公共服务设施用地面积、中心城区人均公园绿地面积等。控制性详细规划更加注重城市空间细节的引导和管控。

上述指标多针对常态下的城市，而突发公共卫生事件指标应该具备既能评价常态下城市的状态，又要能够评价应急时城市抵御风险的能力，可见上述体系指标中的部分指标虽然可以研究借鉴，但不足以全面评价在突发公共卫生事件下的国土空间规划风险。就规划体系层级而言，现行规划多为总体规划，大部分为整体管控。但在应对突发公共卫生事件时，更应该关注制度的可实施性、体系的可落实性。在详细规划体系下可以梳理出一些指标，提出针对突发公共卫生事件的具体管控指标。通过对国土空间规划视角下的城市体检评估指标体系和"双评价"体系的两个评价体系可知，其主要是对城市发展阶段特征和国土空间的现状进行总结和评价，为未来规划提供借鉴。本书的评价体系在遵循上述原则的前提下，对国土现状进行评价。

第 3 章
重大突发公共卫生
事件下的国土空间
规划风险识别

风险识别是研究风险评价的基本环节，也是风险评价的前提。风险识别是在收集资料的基础上对所发生灾害的风险源进行分析、辨识、总结，找出引发风险的主要因素。基于突发公共卫生事件的国土空间规划风险识别，主要内容是突发公共卫生事件发生时，通过数据收集、文献查阅、网络查询、逻辑分析以及专家咨询等方法，对突发公共卫生事件进行分析，找出重大突发公共卫生事件下的国土空间规划风险所在、内在联系和产生原因。

3.1 重大突发公共卫生事件与国土空间规划相关研究

3.1.1 空间规划与公共卫生的关系

城市规划作为最重要的空间规划类型，是为了解决城市发展带来的公共健康、居住环境、基础设施缺乏等问题而诞生的。工业革命的爆发，使大量工厂建成，大量产业工人聚集于城市中，促进了城市的快速发展。此时的基础服务设施却与人口和城市的发展不协调，导致了人口密度高、居住环境差、基础服务设施严重滞后、人民生活质量难以保障的大量"贫民窟"的产生，因此，公共卫生问题日益突出。随着交通的发展，人口的流动性也越来越大，各种传染病更容易造成大规模的全球传播。这就为公共卫生和城市规划提出了新的挑战和要求。

在古罗马和古希腊时期，人们通过对街道的有序布置来预防和控制疾病。1831年英国霍乱爆发，查德威克认为霍乱的产生是因为环境问题，人类历史上第一部公共卫生法案——《公共卫生法》借此诞生。法案中明确提出要对排水和垃圾进行安排和处理，规划出公园和公共浴室等公共设施，并阐明了建成环境与公共健康两者的关系。

霍华德在1898年的"田园城市"理论中提到，由于城市人口增加、城市拥挤，造成公共健康问题的发生，他通过构建新的城市来解决上述问题。20世纪60年代诸多学者开始关注城市规划与健康问题，1964年"美国城市规划年会"提出，通过规划设计打造良好的建成环境来缓解居民精神压力。1984年"健康多伦多2000"会议提出，通过城市规划手段，颁布相关法规来提升城市居民健康水平。2003年"非典"的爆发，引起了诸多规划学者对人居环境与健康的思考，更多学者开始关注城市健康的相关研究。2019年"新冠"肺炎疫情的爆发，让公共卫生与空间规划的研究再一次被推向高潮。

城市规划与公共卫生的关系发展分为五个阶段，从学科诞生到两个学科逐渐分化、分裂，再到两个学科逐渐交汇（图3-1）。

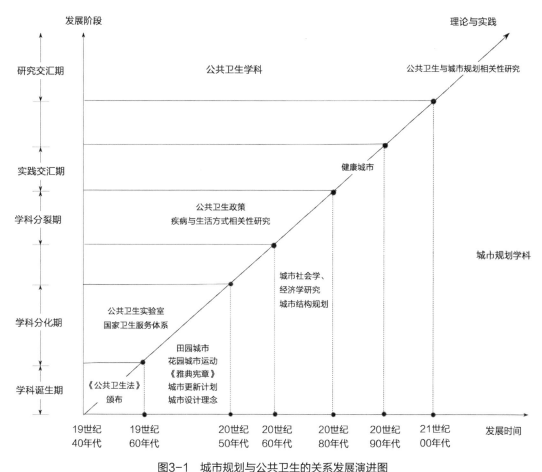

图3-1　城市规划与公共卫生的关系发展演进图

3.1.2　国土空间规划与突发公共卫生事件和健康城市的关系

3.1.2.1　城市发展与突发公共卫生事件的关系

城市发展一直以来与突发公共卫生事件有着很大的关联，城市发展直接影响着传染性疾病发生和传播的三个防控要点：传染源、传播途径、易感人群。传染病传播过程可分为两个阶段：生态过程和社会过程。生态过程主要体现在传染源上，城市无节制的发展破坏了生态、改变了生物栖息地，从而导致携带病毒的野生动物与人的接触概率增加。社会过程主要体现在传播途径和易感人群。从传播途径来说，城市的人口密度与交通方式影响了病毒的传播速度和途径；建成环境、给水排水、垃圾处理、医疗卫生设施不完善，致使病毒得以蔓延，甚至成为新的病毒产生、传播场所。从易感人群方面来说，城镇人口老龄化问题日益突出，老年人作为易感群体，其体质较弱，这势必会增加病毒的侵染和加速病毒的传播（图3-2）。

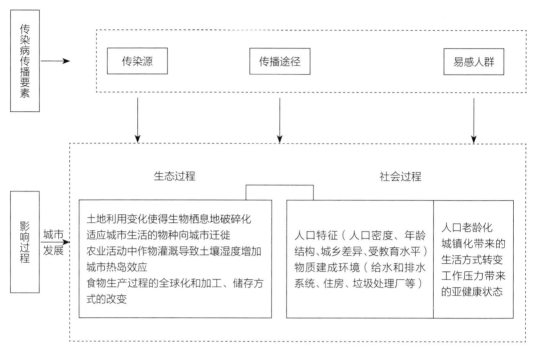

图3-2　城市发展与突发公共卫生事件的关系
（资料来源：参考文献［119］）

3.1.2.2　国土空间规划与突发公共卫生事件的关系

国土空间规划与突发公共卫生事件的关系研究，归根结底是国土空间规划与健康城市的关系研究。在"非典"时期，我国规划学者就如何有效应对突发公共卫生事件作出过相关规划设想。通过国土空间规划来实现对城市空间的干预、人口规模的优化；通过国土空间规划可营造良好的健康氛围，推动健康城市建设；通过国土空间规划，可引导城市的居民形成健康的生活方式，促进人们的休闲体力活动，最终构建良好的健康环境。

3.2　重大突发公共卫生事件下的国土空间风险作用机理研究

只有明确突发公共卫生事件的作用机理，才能更好地根据其特点和发生过程来对国土空间采取有效的规划措施和控制措施。依据前文的概念解析、理论分析和国内外文献研究，可知突发公共卫生事件的源头、产生原因具有不可预知性，传播过程、途径具有不确定性。但依然还是可以从现有的信息研究中整理出应对策略，制定出应对指南。因此，对基于突发公共卫生事件的国土空间风险的作用机理的分析、研究结果，可以为后续评价奠定基础。

3.2.1　重大突发公共卫生事件作用机理研究

3.2.1.1　重大突发公共卫生事件的孕育机理研究

重大突发公共卫生事件的发生存在一定的孕育期，从生物学角度阐述，病毒出现在人体内，一般都需要经过一定时长的潜伏期后才会出现临床表现；从流行病学角度阐述，病毒的传播、蔓延也要经过一定的时间，且时间长短因人、环境而异。

3.2.1.2　重大突发公共卫生事件的发生机理研究

重大突发公共卫生事件发生机理研究是指发现其发生的内在规律的活动的研究，一个事件的发生，其本质为从无到有的过程。影响突发公共卫生事件发生的主要有三个因素：人、物、环境。人的因素包括人口的数量、密度和人的行为方式以及人的脆弱程度，都会影响到疫情的发生发展，其是引起突发公共卫生事件发生的关键因素；物的因素一方面是引发突发公共卫生事件的病原体宿主、媒介生物等的直接影响因素，另一方面是人们是否接触这些致病物质而导致突发公共卫生事件发生的概率的间接影响因素；环境因素包括自然环境、社会环境，两者都会在一定程度上促进或者遏止突发公共卫生事件的发生。

3.2.1.3　重大突发公共卫生事件的发展机理研究

发展是事物从出现到不断更新、进化的一个变化过程。突发公共卫生事件的发展是由量变到质变的演化进阶，病毒从"藏于深山，不为人知"到个体感染，最终到群体感染，从时间、空间、人群间三个方面爆发，形成重大突发公共卫生事件，它的发展机理包括蔓延、转化、衍生、耦合四个过程。

蔓延机理是指从时间和空间上的扩散，时间上持续不断地发生，导致在空间上产生蔓延；转化机理是指一个事件的发生造成另一个事件发生，如洪灾事件发生后，处理不当往往会伴随传染性疾病等事件发生，当突发公共卫生事件发生后没有得到有效的信息公布则会产生舆论恐慌而产生社会安全事件；衍生机理是指在防控阶段采用的一些方法、措施，可能引发另一消极的结果，比如采取"封城"来控制疫情蔓延则可能衍生出经济问题、社会事件等；耦合机理指两种或者两种以上的因素相互影响、共同作用。

3.2.1.4　重大突发公共卫生事件的衰退、终结机理研究

重大突发公共卫生事件的衰退、终结机理表现为：当突发公共卫生事件发展到一个节点后会出现拐点，从拐点到这一过程的结束为衰退期，在衰退期之后继而进入终结期。如疫情中会出现确诊病例开始下降的拐点，随后逐渐减少进入衰退期，直到疫情结束不再出现病例，进入终结期。演化机理全过程如图3-3所示。

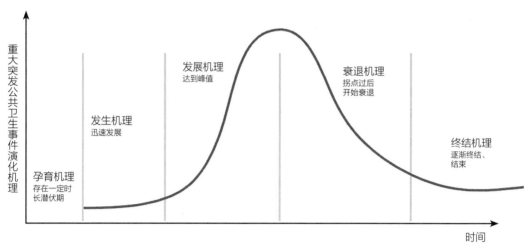

图3-3　重大突发公共卫生事件演化机理模型示意图

3.2.2　基于重大突发公共卫生事件的国土空间风险形成机理研究

　　国土空间风险的复杂机理：国土空间规划本身是个复杂的系统，包含许多内容。由于其复杂性的特性，人们无法准确地认识和预测其风险。国土空间风险叠加突发公共卫生事件而使其风险更加复杂。

　　国土空间风险的不确定性机理：现阶段国土空间存在大量不确定性，影响不确定性的因素也很多，又因重大突发公共卫生事件本身具有不确定性，故此两者共同作用下的风险则更加难以预测和控制。

　　国土空间风险的脆弱性机理：是指国土空间系统在遭受到外部冲击时，其本身表现出一种易受到伤害的程度、状态或可能性。国土空间脆弱性主要表现为压力、敏感性、应对能力等，并往往在突发公共卫生事件发生后才表现出来。若对国土空间风险的脆弱性处理不当，则会引发严重的后果。

3.3　重大突发公共卫生事件下的国土空间风险研究

　　面对重大突发公共卫生事件给城市和公众带来的巨大威胁，通过国土空间规划对城市空间进行战略引导和宏观调控，以此影响突发公共卫生事件的发生、传播。国土空间规划在未来需要从整体上加强对城市的保护，增加城市韧性，通过分析寻找两者的内在关联，找出重大突发公共卫生事件下的国土空间风险所在和产生的原因，进而提出应对风险的措施。本书通过查阅相关资料总结出以下内容。

余珂等人以国土空间总体规划为背景，从城市人口、公共卫生体系、城市治理三方面对公共卫生事件的风险进行分析识别。金锋淑、黄金玲等人提出结合国土空间规划对城市中疫情隐患的风险进行评估，认为在评价时要以人群为基础，以各类空间为载体，分析人口结构、数量，针对商业、生产单位进行规范化、标准化建设。谭卓琳以生态环境、城市基础设施建设、城市应急资源配置、社会自组织作为防灾准备的四大规划策略。王孟和提出在突发公共卫生事件下的国土空间规划，应从医疗设施布局、相关政策制定等方面入手展开研究。张国华指出，疫情发生时以医疗为代表的公共服务稀缺成为关注点，在国土空间规划中要注重医疗机构的空间配置。学者黄浩认为应从国土空间规划角度对公共服务设施进行分析、评估。许丽君、朱京海分析突发公共卫生事件的特征和国家治理体系的变化对国土治理体系的影响，得出基于重大突发公共卫生事件下的国土空间治理体系要从基础防控能力、应急体系、疫情风险评价等层面进行构建。蔡丽敏阐述，在疫情防控期间，绿地除休闲功能外还增加了医疗检测等功能，部分绿地和开敞空间可作应急避险场地，结合国土空间规划进行合理布局，确定其数量、人均用地面积、覆盖率等指标。郑保力、杨涛等人以南宁市为例分析在突发公共卫生事件中城市交通运行的现状，总结出在应对突发公共卫生事件时要完善城市道路交通系统，改进应急医疗救援通道。周素红等人提出在公共卫生事件下要编制国土空间公共安全内容，通过国土空间专项规划和综合规划，对空间、设施、治理体系等进行规划。吕悦风等人提到空间规划、管理措施、应急方案是解决突发公共卫生事件最关键的手段。梳理以上研究，整理出如表3-1所示的风险要素。

基于重大突发公共卫生事件的国土空间风险要素　　　　　　　　　　　　　表3-1

学者	基于重大突发公共卫生事件的国土空间风险要素
余珂	城市人口、公共卫生体系、城市治理
金锋淑、黄金玲	人群为基础、各类空间为载体
王孟和	医疗设施布局
张国华、黄浩	公共服务设施
许丽君、朱京海	国土空间治理体系
郑保力、杨涛	城市道路交通
周素红、廖伊彤、郑重	空间、设施、治理体系
吕悦风	空间规划、管理措施、应急方案

风险研究中不仅仅包括正向风险要素（增加风险），还应有负向风险（降低风险）要素，应全面分析在突发公共卫生事件下国土空间的风险点。结合流行病传染源、传播

途径、易感人群三个基本环节对城市规划的耦合分析，可以得出对空间合理规划能够减少传染源，阻隔传播途径，降低特定人群的易感染度。为了能更加精准、翔实地分析基于重大突发公共卫生事件下的国土空间风险，所以本书将从国土空间背景下的人口规模、基础设施、公共服务设施、生态环境、城市治理水平、应急设施六个方面进行详述（图3-4）。

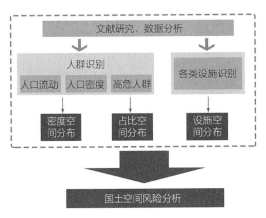

图3-4 国土空间风险分析框架

3.3.1 人口规模风险研究

国土空间规划研究的前提和基础是人口的研究，而人口数据的处理是国土空间规划工作的关键点之一，在进行国土资源评价中人口问题非常重要。因此，人作为突发公共卫生事件下主要的承灾体，应该纳入国土空间规划风险分析当中。人口影响突发公共卫生事件具体体现在人口年龄层结构、人口流动性、人口密度等方面。以下是定量分析人口年龄、人口流动性、人口密度与"新冠"肺炎疫情发生、发展的关系。

3.3.1.1 人口年龄层风险分析
突发公共卫生事件中的人口年龄一般表现出年龄异质性。中老年人免疫能力较差、基础病较多、心理承受能力差，中青年人外出工作、活动和社交较多，是流动人口中的主力，故患病可能性较大。因此，在突发公共卫生事件中需要更加关注老年人和中青年人群体。

3.3.1.2 人口流动性风险分析
根据突发公共卫生事件本身的特点，当人口流动性增强时，其传播速度就更快，范围就更广，一旦流动人口成为突发公共卫生事件的传染源，则会造成更大规模的传播。

吴晓等人研究证实，在人口流动性较强的地区，其传染性突发公共卫生事件发生的概率也会更高。由于此次突发公共卫生事件发生正值"春运时期"，人群在短时间内出现大范围扩散，为突发事件的防控带来了难题。研究发现：当把人口流动性控制在较小范围内时，可有效降低跨区域的疫情传播。

3.3.1.3　人口密度

人口密度与突发公共卫生事件是呈正相关的，人口集聚在城市致使其人口密度极高，导致城市发生突发公共卫生事件从偶然事件变为必然事件的概率增加。因本次突发公共卫生事件主要在人与人之间进行传播，降低某个地区某个时间点的人口密度，就可以降低人与人之间进行传播的概率，反之人口密度越大，则传播概率就会越大。

可见城市人口密度是重大突发公共卫生事件的风险点，通过国土空间规划来缓解城市人口密度可缓解疫情传播的速度。

3.3.2　基础设施风险研究

3.3.2.1　道路交通

随着城市的快速发展，火车、飞机等交通工具为出行提供了便利，但同时，预防、防控公共卫生突发事故的难度也增加了。除此之外，如果交通系统瘫痪，城市将无法正常运行，也会阻碍生活物资、医疗物资运输，延误患者治疗等。交通系统是疫情期间物资运输、人员疏散、救治生命的重要空间，需要确保其安全畅通。因此，道路交通是基于重大突发公共卫生事件的国土空间的一个风险点。

3.3.2.2　生命线工程

市政基础设施如水、电、气、暖、通信等，无论在疫情期间还是在平常都是城市重要的基础设施，是城市的生命线，是基本生活保障系统。如供水设施是关系城市公共卫生安全的重要基础设施，容易受到突发公共卫生事件影响，也易引发公共卫生事件。要保障生命线工程稳定可靠运行，就需要周全规划，科学布局，充分考虑突发公共卫生事件带来的不利影响，因为其一旦破防，则会使城市瘫痪，威胁到人们的生活。因此，生命线工程是基于重大突发公共卫生事件的国土空间的一个风险点。

3.3.3　应急设施风险研究

3.3.3.1　平转灾设施

在重大的突发疫情冲击下，平日的防疫医院将会难以为继，新建医院的速度往往赶不上新增病患速度。在这样的情况下，城市空间中可实现平灾转换的空间，如体育场、厂房等就成了快速增加医疗空间的重要来源，是"跑赢"疫情的关键空间。因此，平灾转换设施是基于重大突发公共卫生事件的国土空间的一个风险点。

3.3.3.2 应急避险场地

国土空间应急避险规划可以减轻突发公共卫生事件带来的危害，应急避险场地在日常生活中也可供居民休憩、运动。同时，在突发公共卫生事件等特殊事件发生时，可承担临时医疗检测、隔离、临时居住的功能，为城市提供安全、健康的防灾避险空间。应急避险设施的规模、数量和布局等都影响着突发公共卫生事件产生的结果。因此，应急避险场地是基于重大突发公共卫生事件的国土空间的一个风险点。

3.3.4 公共服务设施风险研究

3.3.4.1 医疗设施

医疗设施用地是国土空间规划中重要的用地类型之一。在突发公共卫生事件中会有大量患者需要被救治，如果医院资源有限、病床数量不足、医院面积堪忧以及医院内部没有预留可操作的拓展空间，就会直接影响到应急救援的效率。

同时，如果医疗卫生体系不完善，如社区医疗人员急缺、设备设施不足或性能落后，从而无法承接大型医院的患者分流，致使大量传染性疾病与非传染性疾病患者在医院集聚，这就为医院空间带来了风险，使得医院成为第二次传播疫情的空间。若不及时解决上述问题，在面对突发公共卫生事件时会使得医疗系统甚至是整个城市面临瘫痪的风险。因此，医疗设施是基于重大突发公共卫生事件的国土空间的一个风险点。

3.3.4.2 商业设施

一些城市采取每家每两天安排一人外出采买，为了保障居民基本生活的前提下，避免人群聚集在超市、市场，防止疫情在采购市场等场所造成二次传播。但是由于部分地区的商业设施可达性较差或不能满足居民需求，居民会跨区域进行采买，这就增大了突发公共卫生事件大范围传播的可能性。因此，商业设施是基于重大突发公共卫生事件的国土空间的一个风险点。

3.3.5 生态环境风险研究

健康城市理念中重点建设的城市公共设施是城市绿地。城市公园绿地作为城市开敞空间的一部分，它是衡量城市健康和居民身心健康的重要标准之一。

很多传染性疾病往往是通过空气中的飞沫、水体、土壤等途径进行传播，而公园绿地的设置能明显增加城市的开敞空间，有助于形成城市的自然通风廊道，加速空气流通，提高空气质量。并且，绿色植物能够有效地净化空气，阻滞灰尘，过滤水体和土壤。因此，城市绿地可以为阻断传染性突发公共卫生事件的蔓延起到积极的作用。也因此国土空间规划中合理布局城市绿地可以降低城市发生突发公共卫生事件的概率，增强疫情防控能力。

相关研究表明，城市绿地能够有效地促进居民身心健康。城市绿地除了具有通过调节生态系统抑制传染病的作用外，还可以缓解居民的身心压力。合理的可达性能激励居民进行体育活动，增强体质，愉悦身心，营造健康的人居环境。

此外，城市绿地作为开敞空间可施以平灾转换，开辟成应急避险场地，为"方舱医院"等应急救援设施的建设提供空间。因此，城市绿地是基于重大突发公共卫生事件的国土空间的一个风险点。

3.3.6　城市治理风险研究

防控疫情体现了我国的国家治理体系和治理能力水平。习近平总书记指出，国家治理体系和治理能力现代化的主要内容为城市治理。国土空间作为人们生活、生产的空间，在面对突发公共卫生事件时，必须考虑到国土空间治理体系。

3.3.6.1　基层治理

突发公共卫生事件可以有效检验城市的治理能力，而整个防控的关键是基层治理。有些城市的部分老旧小区、城中村因缺乏相应规范的物业管理，智能化水平不达标，在人工测温这一项就耗用大量人力资源，逐户检查也存在较大感染、传播风险。在基层治理中要重视城乡均衡发展，这也是国土空间治理体系现代化的重要考虑因素。因此，基层治理是基于重大突发公共卫生事件的国土空间的一个风险点。

3.3.6.2　应急预案

应急预案作为一个地方、一个城市应对突发公共卫生事件的重要措施，可以有效防御、及时控制突发公共卫生事件的发生和蔓延。作为防控突发公共卫生事件风险的专项预案，应当明确各部门职责，规范应急处置动作，建立有条不紊、协作有序、统一指挥的应急处理体系，保障公众身体健康和生命安全。但现实是我们的许多城市在应对重大突发公共卫生事件上缺乏预案或者预案缺乏实战性。因此，应急预案是基于重大突发公共卫生事件的国土空间的一个风险点。

3.4 重大突发公共卫生事件下国土空间规划面临问题分析

3.4.1 人口规模与突发公共卫生事件下国土空间规划之间的关系问题

人口基数与减少城市风险之间的矛盾问题。人口基数大，高密度聚集加剧了传染性公共卫生事件的传播风险。城市一味追求经济发展，中心城区建设强度高，人口密度大，人员疏散难，为城市治理带来困难。2021年，我国新型城镇化和城乡融合发展取得新成效，《国家发展改革委关于印发<2022年新型城镇化和城乡融合发展重点任务>的通知》公布我国常住人口城镇化率达到64.72%，目前还处于增长中。但特大城市的经济活力也会继续吸引人员更加集中，增大公共卫生事件风险。因此，应从国土空间规划中优化管控城市人口规模和密度，以此缓解城市面临突发公共卫生事件的风险。

3.4.2 各类设施及资源与突发公共卫生事件下国土空间规划之间的关系问题

医疗体系和资源的匮乏与救治需求之间的矛盾问题。目前我国医疗资源基本能够满足常态下的需求，然而在发生突发公共卫生事件时，部分地区的医疗资源就有可能出现短缺。部分城市的医疗设施短缺、基层医疗资源匮乏。

弹性空间不足与防疫需求之间的矛盾问题。当突发公共卫生事件造成就医人数猛涨、医疗资源不足时，出现了"火神山""雷神山"等新建医院以及体育馆、展览馆改建的方舱医院。这些医院的火速建设在体现了中国速度的同时，也反映出医院在规划中缺少弹性规划，城市缺少"留白"空间，在应对突发公共卫生事件时缺少前瞻性的、弹性的建设用地储备。

3.4.3 城市治理与突发公共卫生事件下国土空间规划之间的关系问题

基层治理能力较弱与国土空间规划治理需求之间的矛盾问题。基层社区是城市防灾的第一线，是城市治理的基本单元。在现实中部分社区资源分布不当，基础设施建设水平较低，管制能力不足，智能化水平欠缺，规范的物业管理不到位。

3.4.4 现行规划体系与突发公共卫生事件下国土空间规划之间的关系问题

现行国土空间规划体系与应对突发公共卫生事件之间的矛盾问题。虽然目前我国国土空间规划中有对公共卫生基础设施进行规划编制，但与现行国土空间规划的"五级三类"体系衔接还远远不够。

　　在总体规划方面，虽然在城市总体规划目标中提到要积极建设"健康城市"，但是在总体规划、专项规划、详细规划中没有具体落实。在专项规划层面，防灾减灾规划更注重自然灾害专项规划。绿地系统、医疗卫生、交通设施的专项规划多偏重于常态化下的布局与规划，较少涉及突发公共卫生事件。对于详细的规划这一层面，目前没有明确的相关建设要求，也没有从规划的角度来应对突发公共卫生事件的措施。

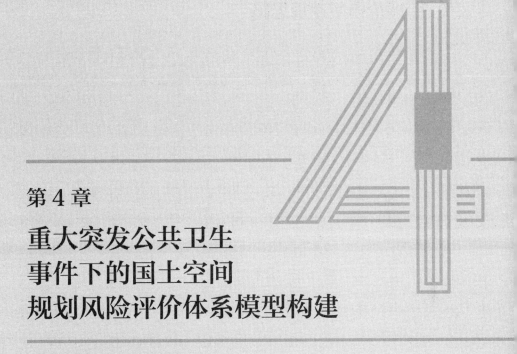

第4章
重大突发公共卫生事件下的国土空间规划风险评价体系模型构建

4.1 评价模型逻辑思路

为了更好地应对突发公共卫生事件的发生，本书将通过系统的研究分析，确立基于重大突发公共卫生事件的国土空间规划风险评价体系模型，设计思路为五个步骤（图4-1）。

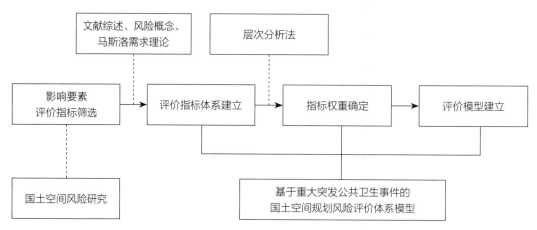

图4-1 基于重大突发公共卫生事件的国土空间风险评价体系模型构建基本过程

1. 提出建立评价体系的原则

为建立科学的评价体系，使体系指标更具实操性，为后续实证应用提供基础保障，需要遵循科学性、针对性、可操作性、灵活性、全面性等原则。

2. 筛选指标

筛选重大突发公共卫生事件的国土空间规划风险评价指标。为了能够反映城市在突发公共卫生事件中的风险指数，并根据最终评价结果提出国土空间规划的意见，通过对文献资料的梳理、总结，结合现有指标体系、结果分析，通过对专家学者进行询问等方式方法，筛选出基于重大突发公共卫生事件的国土空间规划风险指标。

3. 评价体系建立

建立指标体系框架。将筛选出的指标进行归纳和分类，确定出目标层、准则层、要素层、指标层，最终构建出基于重大突发公共卫生事件的国土空间规划风险评价指标体系。

4. 确定指标权重

通过层次分析法对构建的体系的各个指标进行权重计算。指标权重越大则对目标层的影响力越大，反之影响力越小。

5. 建立完善的风险评价模型

通过以上四步，最终建立完善的风险评价模型，提出风险指数计算公式。

4.2 评价指标体系的建立

4.2.1 指标体系构建原则

1. 科学性

科学性是对指标体系构建的最基本要求，只有指标具有科学性才能保证指标体系的可靠性，基于此的评价才具有说服力，才具有实用性。风险评价指标体系是一个复杂的系统，涉及的指标因素多，操作难度大，同时体系还要具有处理指标上下级之间衔接的良好的逻辑自洽性。一旦体系中哪怕一个指标出现"差之毫厘"的失误，也将会导致"谬以千里"的评价结果，这对基于此而构建的在重大突发公共卫生事件下的国土空间规划风险评价体系将产生巨大的影响，进而反映到作为宏观承灾体的城市应急管理中，甚至会造成毁灭性的负面结果。缺乏科学理论支撑的指标体系只能是纸上谈兵的"废柴"，指标体系构建对科学性要求的重要性由此可见一斑。

2. 针对性

除基本规划指标外，重大突发公共卫生事件的国土空间规划风险研究中重要的一点是必须提出突发公共卫生事件的针对性指标，只有这样才能建立一个完整的指标体系，作为后续研究展开的条件。

3. 可操作性

在指标体系构建中，无论理论层面多么全面、完善，若不具备可操作性，那也是只可远观，而不可近用的"空中楼阁"。指标数据要以服务实践为目的，要便于获取，能简尽简，并要具备充分的代表性。要建立定性、定量的指标体系，数据需明确简练，以便于量化和统计、分析，这样才能使指标体系具备实用的可操作性，才能保证研究的顺利进行。

4. 灵活性

指标的灵活性是为了因应时代的进步和城市的发展，时势瞬息万变，相关指标数据势必也会"随机而动"，跟着环境的变化而发生变化，由此也便赋予了数据的动态属性。保持指标的灵活性才能准确地表达事件发展的即时性，才能反映事物的现实本质，进而才能使研究具备现实的实用性。

5. 全面性

评价体系应是一个综合性的评价，指标之间以及指标和最终评价结果之间应是一个统一的有机体，指标的功能和目的一定与体系的总目标是一致的。指标的选取应全面考虑影响基于突发公共卫生事件的国土空间风险的各种因素，利用系统性原则，构建出多层次的评价体系。

4.2.2 指标的筛选与确定

4.2.2.1 准则层指标确立

筛选突发公共卫生事件下的国土空间风险评价指标，需要充分明确各个防控阶段，并熟悉不同阶段对应空间的管控要求。突发公共卫生事件的危机管理主要分为突发事件发生前的预防、发生时的应急响应、发生后的恢复重建这三个阶段。因突发公共卫生事件发生前的预防和发生后的恢复重建存在前后承接关系，形成循环状态，由此可选取一个阶段进行研究，最终可以确定出事件发生前的预防阶段和应急响应阶段是防控突发公共卫生事件的关键，也是国土空间规划工作的重点。

（1）预防阶段。对突发公共卫生事件应遵循"预防为主，防治结合"的原则，但突发公共卫生事件又存在不可预知性和不确定性，因此应该提前制定相关应急预案，在平常做好对各个风险点的排查、监测和管控，降低发生的概率。即便发生公共卫生事件，政府和民众也可以按照应急预案有条不紊地进行防控，有效抵御风险，从而使得不至于出现手足无措的情况。鉴于预防的重要性，应把预防阶段列入准则层。

（2）应急响应阶段。当突发公共卫生事件已经发生时，应把公众的生命、安全、健康摆在首位，强化患者救治，保障城市功能的正常运转，降低突发公共卫生事件造成的损失。做好应急处理是至关重要的。鉴于应急响应的重要性，应把应急响应阶段列入准则层。

4.2.2.2 要素层指标确立

首先，依据危机管理理论在突发公共卫生事件预防阶段和应急响应阶段的应用，可以推导出部分要素层指标。在预防阶段，根据人口规模、城市治理，对突发公共卫生事件做好预防；在应急响应阶段，合理布局医疗卫生设施保障群众生命安全，合理完善基础设施保证城市正常运转，合理规划应急避险场所防备不时之需，合理布置公共服务设施满足居民日常生活需求，合理设计公园绿地数量作为临时医疗救治场所和有助于促进身心健康的锻炼场所及形成通风廊道，这些都是国土空间规划中需要着重注意的要素（图4-2）。

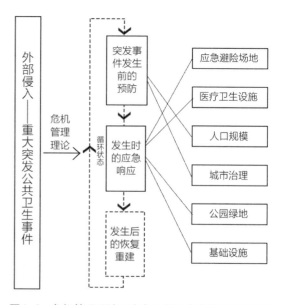

图4-2 危机管理理论下突发公共卫生事件及规划落实

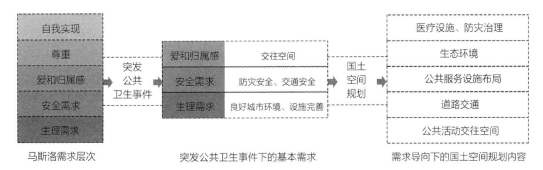

图4-3　马斯洛需求层次理论导向下的国土空间规划内容

其次，参照马斯洛需求层次理论，面对突发公共卫生事件首先要保障的是人类的生理需求、安全需求、爱与归属感需求。在突发公共卫生事件下，以人类需求为导向的国土空间规划内容包括医疗设施、生态环境、防灾治理、公共服务设施布局、道路交通、公共活动交往空间等，这些指标也是国土空间规划中需要注意的要素（图4-3）。

最后，结合3.3.3.4节的重大突发公共卫生事件的国土空间风险因素，并综合上述理论，全面地整合以及概括出要素层指标，包括人口规模、基础设施、公共服务设施、生态环境、城市治理、应急设施。

4.2.2.3　指标层指标确立

指标层指标确立是基于对文献的研究和现行指标的总结。

从要素层的人口规模、基础设施、公共服务设施、生态环境、城市治理、应急设施六大方面指标展开研究，再次通过文献检索和现行指标梳理，结合突发公共卫生事件，有针对性地选取出各自的相关指标（表4-1）。

基于现有规划指标和文献研究的指标整理　　　　　　　　　　　表4-1

要素层指标	文献名称	文献总结准则指标	现行规划名称	现行规划总结准则指标
人口规模	《新型冠状病毒肺炎疫情下城市防灾规划复合化体系建构思考》《城市规划应对特大城市公共卫生事件的几点体会——应对2020新型冠状病毒肺炎突发事件笔谈会》	人口密度、人口流动性、人口年龄结构	《关于贯彻落实城市总体规划指标体系的指导意见》《市级国土空间规划总体规划编制指南（试行）》	人口规模、人口结构
基础设施	《面向国土空间应急安全保障的控制性详细规划指标体系构建——以应对突发公共卫生事件为例》《突发公共卫生事件下社区体检模型的构建与南宁实践》	通信、水电、应急场地、道路体系、道路网密度	《国土空间规划城市体检评估规程》	道路网密度、通信、水电

续表

要素层指标	文献名称	文献总结准则指标	现行规划名称	现行规划总结准则指标
公共服务设施	《疫情背景下的人居环境规划与设计》《突发公共卫生事件的平疫空间转换适宜性评价指标体系研究》《突发公共卫生事件下城市韧性提升策略研究》	医疗床位数、医疗机构数量和布局、商业设施	《市级国土空间规划总体规划编制指南（试行）》	每千人口医疗卫生机构床位数、人均公共医疗卫生服务设施用地面积
生态环境	《后疫情时代风景园林聚焦公共健康的热点议题探讨》	公园服务覆盖度	《市级国土空间规划总体规划编制指南（试行）》《国土空间规划城市体检评估规程》	人均公园绿地面积、公园绿地、广场步行5min覆盖率
城市治理	《建立空间规划体系中的"防御单元"——应对2020新型冠状病毒肺炎突发事件笔谈会》《传染病疫情防控应尽快纳入城市综合防灾减灾规划——应对2020新型冠状病毒肺炎突发事件笔谈会》	社区治理、应急预案、预警体系	《关于城市总体规划编制试点的指导意见》	居民对社区服务管理的满意度
应急设施	《突发公共卫生事件下城市韧性提升策略研究》	人均紧急避险场所设施用地面积、平灾转换空间	《关于贯彻落实城市总体规划指标体系的指导意见》《国土空间规划城市体检评估规程》	人均紧急避险场所设施用地面积

结合上述内容整理出相关的各项指标，剔除不易获取的数据指标（人口流动性、人口年龄层），最终选取人口密度，社区物业管理能力，预警处理能力，应急预案完善度，人均公园绿地面积，公园绿地、广场步行5min覆盖率，医疗设施步行15min覆盖率，医疗卫生机构千人床位数，商业设施步行10min覆盖率，人均应急避难场所面积，平灾转换设施数量，生命线密度，道路网密度13个指标。

4.2.3 建立指标体系框架

指标体系应以底线思维为主，以保障城市基本的生命系统正常运转，以增强城市韧性、构建"健康城市"、增强抗风险能力、满足居民日常生活需求、有益于公众身心健康为目标。为避免使指标体系过于繁复庞杂，使其具有可操作性，本书遵循指标体系构建原则对指标进行筛选、剔除。最终按照指标自身的属性和指标之间的从属关系，构建出多层次、多维度的基于重大突发公共卫生事件的国土空间规划风险评价体系。以与国土空间规划和城市相关的人口规模、基础设施、公共服务设施、生态环境、城市治理和应急设施等为切入点，构建"预防—应急"的指标评价体系，包含13个评价指标。

第一层目标层（A），为基于重大突发公共卫生事件的国土空间规划风险评价。

第二层准则层（B），为突发公共卫生事件发生前的预防能力（B1）、突发公共卫生事件发生时的应急能力（B2）。

第三层要素层（C），是对准则层的延伸，包括人口规模（C1）、城市治理（C2）、生态环境（C3）、公共服务设施（C4）、应急设施（C5）、基础设施（C6）。

第四层指标层（D），是对要素层指标的细化，是评价体系的详细评价指标，包括人口密度（D11）、社区物业管理能力（D21）、预警处理能力（D22）、应急预案完善度（D23）、人均公园绿地面积（D31）、公园绿地、广场步行5min覆盖率（D32）、医疗设施步行15min覆盖率（D41）、医疗卫生机构千人床位数（D42）、商业设施步行10min覆盖率（D43）、人均应急避难场所面积（D51）、平灾转换设施数量（D52）、生命线密度（D61）、道路网密度（D62），共有13个指标，其中定性指标3个，定量指标10个。建立的基于突发公共卫生事件的国土空间规划风险评价指标体系如表4-2所示。

基于重大突发公共卫生事件的国土空间规划风险评价指标体系　　　　表4-2

目标层	准则层	要素层	指标层
基于重大突发公共卫生事件的国土空间规划风险评价（A）	突发公共卫生事件发生前的预防能力（B1）	人口规模（C1）	人口密度（D11）
		城市治理（C2）	社区物业管理能力（D21）
			预警处理能力（D22）
			应急预案完善度（D23）
		生态环境（C3）	人均公园绿地面积（D31）
			公园绿地、广场步行5min覆盖率（D32）
	突发公共卫生事件发生时的应急能力（B2）	公共服务设施（C4）	医疗设施步行15min覆盖率（D41）
			医疗卫生机构千人床位数（D42）
			商业设施步行10min覆盖率（D43）
		应急设施（C5）	人均应急避难场所面积（D51）
			平灾转换设施数量（D52）
		基础设施（C6）	生命线密度（D61）
			道路网密度（D62）

4.2.4　指标解释

评价体系指标中既有定性指标，又有定量指标。以下分别从定性指标和定量指标两方面对各指标进行解释说明，并对计算方法和指标量化进行阐述。

4.2.4.1　定性指标

体系中3项定性指标包括社区物业管理能力、预警处理能力、应急预案完善度。

定性指标取值的标准采用模糊评价法进行量化打分，对居民发放针对定性指标分析的问卷，每项指标分值按照李克特量表进行打分，其中5分代表非常满意，4分代表满意，3分代表一般，2分代表不满意，1分代表非常不满意。具体解释说明如下。

1. 社区物业管理能力

社区是重要的防控单元，一个社区的管理指挥能力越强就越容易掌握社区人员信息，可以减少疫情扩散。

2. 预警处理能力

通过对灾时信息化水平、通信设施能力进行研究获取。

3. 应急预案完善度

应急预案是否完善，衔接程度是否良好，以及预案内容是否有效、合理，可以反映出处置突发公共卫生事件时的应急管理能力。

4.2.4.2 定量指标

定量指标包括人口密度，道路网密度，生命线密度，人均公园绿地面积，公园绿地、广场步行5min覆盖率，人均应急避难场所面积，医疗卫生机构千人床位数，医疗设施步行15min覆盖率，商业设施步行10min覆盖率，平灾转换设施数量。定量指标取值的标准为指标本身数值，为现状调研数据结果，可依据下列指标的解释进行计算，得出数值。

1. 人口密度

单位面积内的人口数量，是区域总人口与区域面积之比。人是灾害下主要的承灾体，随着城市的发展，人口数量不断增加，依据前文得出人口密度与突发公共卫生事件传播有较大正相关关系，即人口密度越大，风险越大。故人口密度上升会增加城市在面临突发公共卫生事件时的风险。

2. 道路网密度

区域内所有道路长度总和与区域面积之比。道路网密度越大则交通空间越大，道路连通性越好，在发生突发公共卫生事件后各部门救援工作、群众疏散和交通运输可供选择的交通线路就越多，从而使城市防疫能力得到提升，达到强化城市防控突发公共卫生事件能力的目的。道路网密度越大，基于突发公共卫生事件下的国土空间面临的风险越小。

3. 生命线密度

区域内生命线总长度与区域面积的比值。生命线系统包括供水、电、通信、暖等基础设施，其供应能力对群众避险、生活、部门抢救工作起到重要的作用。生命线密度越大，在突发公共卫生事件时其水、电等设施供应能力越强，基于突发公共卫生事件下的国土空间面临的风险越小。本书选取供水管线指标数据进行分析。

4．人均公园绿地面积

一定区域内公园绿地总面积与区域人口数量之比。人均公园绿地面积越大反映出该区域开敞空间越大，开敞空间有利于形成城市通风廊道，可以加速城市空气流通置换，继而减少病毒传播，紧急时还可以作为平灾转换场地。人均公园绿地面积越大，基于突发公共卫生事件下的国土空间面临的风险越小。

5．公园绿地、广场步行5min覆盖率

以面积大于400m²的公园绿地、广场用地为起始点步行5min所覆盖的范围内的居住用地面积与全部居住用地面积的比值。其覆盖率越大，基于突发公共卫生事件下的国土空间面临的风险越小。

6．人均应急避难场所面积

应急避难场所有效面积和区域人口之比。应急避难场所可以为群众提供避难空间，从而保障防疫工作的顺利进行，因此人均应急避难场所面积是突发公共卫生事件应对能力的重要指标，人均面积越大，风险越小。

7．医疗卫生机构千人床位数

区域内每千人所拥有的医疗卫生机构床位数，是区域内医院病床数与区域总人口之比再乘以1000。医疗机构是灾后救助的重要保障，在此次突发公共卫生事件中可以明显看出医疗床位紧缺，为救治病患和隔离患者带来诸多的困难。床位数也反映出该地区的医疗水平。千人病床数越大，面临突发公共卫生事件时风险越小。

8．医疗设施步行15min覆盖率

以医疗设施为起始点步行15min所覆盖的范围内的居住用地面积占全部居住用地面积的比例。其指标越大表明该区域医疗设施可达性越强，在发生突发公共卫生事件时就越便于患者及时就医。医疗设施的数量和布局是评价处置突发公共卫生事件能力的重要指标之一。覆盖率越大，面临突发公共卫生事件时风险越小。

9．商业设施步行10min覆盖率

以商业设施为起始点步行10min所覆盖的范围内的居住用地面积和全部居住用地面积的比例。社区商业设施包括的商业业态较多，在本书中主要指便利店、超市、菜市场和生鲜超市等能够提供居民日常生活所需的场所。覆盖率越大，面临突发公共卫生事件时风险越小。

10．平灾转换设施数量

平灾转换设施数量为定量指标。体育馆、学校、酒店在灾情时被改造成为方舱医院、隔离场所、医务人员宿舍等应急场所，多方式的平灾功能转换为控制疫情提供了空间保障。平灾转换设施数量在公共卫生事件中起到重要作用。平灾转换设施数量越多，面临突发公共卫生事件时风险越小。

4.3　评价指标权重的确定

在指标体系构建后需要计算各项指标的权重。权重的准确程度直接影响到评价结果，本书选择指标权重计算的方法为层次分析法，因其具有逻辑性强的特点，可以简化复杂的问题，进而确保权重的客观性和准确性。

4.3.1　层次分析法基本原理和步骤

层次分析法由著名的运筹学家马斯萨提（Thomas L.Satty）提出，该方法可以将定性表达转换成为定量表达，便于分析。其方法本质上是将复杂问题分解成若干个简单个体要素与指标，再将其按逻辑关系进行分组，形成层级结构。分为目标层、准则层、要素层、指标层。目标层是基于整个体系的目标和需解决的问题提出；准则层、要素层是实现最终目标的中间步骤和环节；指标层则是涵盖了对总目标产生影响的因素，是对上一级指标的细化，且要落实到体系的可操作性层面。再通过专家对指标的重要程度进行两两比较，并利用判断矩阵的特征向量公式得出各自权重。层次分析法大致分为四个步骤：

（1）建立层次结构模型；

（2）构造判断矩阵；

（3）层次单排序及一致性标准检验；

（4）各层因素对目标层的合成权重。

4.3.2　明确风险评价权重的层次结构模型

首先明确研究的目标，然后将各个因素按照不同属性从上到下划分为不同层次，将各因素归入不同的层级结构。将目标细分为多个因素，构成准则层，之后将准则层再次分解为若干因素，构成要素层，最后将要素层结合具体研究再分为指标层（图4-4）。

4.3.3　构造层次结构模型的判断矩阵

判断矩阵是层次分析法中非常重要的步骤，其通过对目标层以下的同一层级的每个指标采用1-9标度方法，并根据每个指标的两两重要程度打分。打分应由相关研究方向的专家进行分数评判（表4-3）。

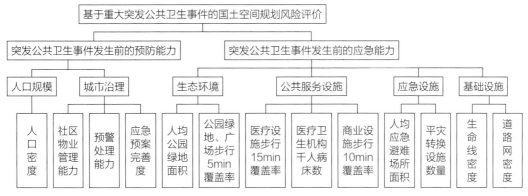

图4-4　层级结构模型示意图

判断矩阵　　　　　　　　　　　　表4-3

A	B1	B2	B3	......	B_n
B1	1				
B2		1			
B3			1		
......				1	
B_n					1

运筹学家Saaty给出了1~9标度的具体赋值含义和重要性程度等级。判断矩阵b_{ij}的1~9标度具体赋值含义如表4-4所示。

判断矩阵1~9标度含义　　　　　　　　　表4-4

标度	含义
1	两者比较,同样重要
3	两者比较,稍微重要
5	两者比较,比较重要
7	两者比较,非常重要
9	两者比较,极其重要
2, 4, 6, 8	介于以上两个相邻判断中间值
倒数	i 和 j 比较, j 和 i 重要性比值为$1/b_{ij}$

资料来源: 参考文献 [141]。

把围绕重大突发公共卫生事件下国土空间规划风险评价指标设计的问卷,以及评价指标重要性比较问卷发放给相关领域专家,收集到从事国土空间规划、公共卫生、应急管理等方面工作和研究的专家问卷共55份,专家基本信息如图4-5所示。

■城乡规划、国土空间规划
■公共卫生管理
■建筑 ▨医疗 ▨应急管理　　　■正高 ▨副高 ■中级 ▨其他　　　■很熟悉 ■熟悉 ▨一般
　　　研究领域　　　　　　　　　　　职称　　　　　　　　　　熟悉程度

图4-5　专家基本信息图

4.3.4 层次结构模型的层次单排序及一致性标准检验

1. 相对权重计算

在此步骤当中计算判断矩阵的特征向量和特征值得出相对权重。具体计算如式（4-1）~式（4-6）所示。

计算判断矩阵B的n个行向量元素并进行归一化处理，得到矩阵Q：

$$q_{ij} = b_{ij} \Big/ \sum\nolimits_{i=1}^{n} b_{ij}, i=1,2,3,\cdots,n \tag{4-1}$$

将矩阵Q按行求和：

$$b_i = \sum\nolimits_{i=1}^{n} q_{ij}, j=1,2,3,\cdots,n \tag{4-2}$$

求和后对其进行归一化处理，并得出特征向量：

$$w_i = \frac{b_i}{\sum_{i=1}^{n} b_i}, i=1,2,3,\cdots,n \tag{4-3}$$

判断矩阵B的特征向量$W=(w_1, w_2, \cdots, w_n)^T$

计算判断矩阵B的特征方程的最大特征值$\lambda_{\max}$：

$$BW = \lambda_{\max} W \tag{4-4}$$

最后将等式两边除以w_j，并对i加和：

$$\lambda_{\max} = \frac{1}{n} \sum_{i=1}^{n} \left(\frac{\sum_{j=1}^{n} b_{ij} w_j}{w_i} \right) \tag{4-5}$$

2. 一致性检验

判断矩阵在现实与理论上存在一定的差距，但差距在一定范围内则可接受，为验证此判断矩阵的有效性，必须对其进行一致性检验。根据一致性比例$CR=CI/RI$判定，其中CI为一致性指标（式4-6），RI为平均随机一致性指标，其与判断矩阵阶数n有关（表4-5）。当$CR<0.1$时，则判断矩阵一致性在可接受范围之内，当$CR\geq0.1$时则需对判断矩阵进行调整，直到$CR<0.1$为止。

$$CI=\lambda_{max}-n/n-1 \qquad\qquad （4-6）$$

RI平均随机一致性指标　　　　　　　　表4-5

n	1	2	3	4	5	6	7	8	9	10
RI	0.00	0.00	0.52	0.89	1.12	1.26	1.36	1.41	1.46	1.49

资料来源：参考文献[142]。

本书运用上述方法，列举一位调查者的各层判断矩阵、权重运算结果和一致性检验结果（表4-6～表4-13）。

准则层相对于目标层判断矩阵　　　　　　表4-6

	突发公共卫生事件发生前的预防能力	突发公共卫生事件发生时的应急能力	w_i	
突发公共卫生事件发生前的预防能力	1.0000	3.0000	0.7500	修正后的判断矩阵λ_{max}：2.0000 一致性比例：0.0000
突发公共卫生事件发生时的应急能力	0.3333	1.0000	0.2500	

突发公共卫生事件发生前的预防能力下要素层相对于准则层判断矩阵　　　　　　表4-7

突发公共卫生事件发生前的预防能力	城市治理	人口规模	w_i	
城市治理	1	3	0.7500	修正后的判断矩阵λ_{max}：2.0000 一致性比例：0.0000
人口规模	0.3333	1	0.2500	

突发公共卫生事件发生前的应急能力下要素层相对于准则层判断矩阵　　　　　　表4-8

突发公共卫生事件发生前的应急能力	生态环境	公共服务设施	应急设施	基础设施	w_i	
生态环境	1.0000	0.5000	0.3333	0.3333	0.1067	修正后的判断矩阵λ_{max}：4.1705 一致性比例：0.0638
公共服务设施	2.0000	1.0000	0.5000	1.0000	0.2320	
应急设施	3.0000	2.0000	1.0000	0.5000	0.3038	
基础设施	3.0000	1.0000	2.0000	1.0000	0.3576	

城市治理下指标层相对于因素层判断矩阵 表4-9

城市治理	社区物业管理能力	预警处理能力	应急预案完善度	w_i	
社区物业管理能力	1.0000	0.5000	0.3333	0.1638	修正后的判断矩阵λ_{max}: 3.0092 一致性比例: 0.0089
预警处理能力	2.0000	1.0000	0.5000	0.2973	
应急预案完善度	3.0000	2.0000	1.0000	0.5390	

生态环境下指标层相对于因素层判断矩阵 表4-10

生态环境	人均公园绿地面积	公园绿地、广场步行5min覆盖率	w_i	
人均公园绿地面积	1.0000	0.3333	0.2500	修正后的判断矩阵λ_{max}: 2.0000 一致性比例: 0.0000
公园绿地、广场步行5min覆盖率	3.0000	1.0000	0.7500	

公共服务设施下指标层相对于因素层判断矩阵 表4-11

公共服务设施	医疗设施步行15min覆盖率	人均病床数	商业设施步行10min覆盖率	w_i	
医疗设施步行15min覆盖率	1.0000	0.5000	2.0000	0.3119	修正后的判断矩阵λ_{max}: 3.0537 一致性比例: 0.0517
人均病床数	2.0000	1.0000	2.0000	0.4905	
商业设施步行10min覆盖率	0.5000	0.5000	1.0000	0.1976	

应急设施下指标层相对于因素层判断矩阵 表4-12

应急设施	人均应急避难场所面积	平灾转换设施数量	w_i	
人均应急避难场所面积	1.0000	0.3333	0.2500	修正后的判断矩阵λ_{max}: 2.0000 一致性比例: 0.0000
平灾转换设施数量	3.0000	1.0000	0.7500	

基础设施下指标层相对于因素层判断矩阵 表4-13

基础设施	生命线密度	道路网密度	w_i	
生命线密度	1.0000	0.5000	0.3333	修正后的判断矩阵λ_{max}: 2.0000 一致性比例: 0.0000
道路网密度	2.0000	1.0000	0.6667	

4.3.5 各层因素对目标层的合成权重

合成权重是将下一层元素权重依次与上层元素相对权重相乘。合成权重也需经过一致检验，检验通过后方可得出最终的指标权重。基于以上阐述，综合55份专家问卷的评价得分，最终可得出基于重大突发公共卫生事件的国土空间规划风险评价体系群决策方案权重（表4-14）。

基于重大突发公共卫生事件的国土空间规划风险评价体系综合权重得分表　　表4-14

目标层	准则层	权重	要素层	权重	指标层	权重
基于重大突发公共卫生事件的国土空间规划风险评价（A）	突发公共卫生事件发生前的预防能力（B1）	0.5428	人口规模（C1）	0.2361	人口密度（D11）	0.2361
			城市治理（C2）	0.3067	社区物业管理能力（D21）	0.1136
					预警处理能力（D22）	0.1085
					应急预案完善度（D23）	0.0845
			生态环境（C3）	0.0926	人均公园绿地面积（D31）	0.0427
					公园绿地、广场步行5min覆盖率（D32）	0.0500
	突发公共卫生事件发生时的应急能力（B2）	0.4572	公共服务设施（C4）	0.1335	医疗设施步行15min覆盖率（D41）	0.0577
					医疗卫生机构千人床位数（D42）	0.0568
					商业设施步行10min覆盖率（D43）	0.0190
			应急设施（C5）	0.1225	人均应急避难场所面积（D51）	0.0555
					平灾转换设施数量（D52）	0.0670
			基础设施（C6）	0.1087	生命线密度（D61）	0.0656
					道路网密度（D62）	0.0431

4.3.6　评价指标权重结果分析

以下对各层次指标间重要性对比情况进行分析，有助于更加直观明确地了解各指标对国土空间规划风险评价的重要性程度和各因素之间的重要性关系（图4-6）。

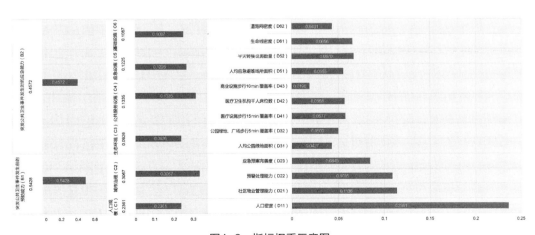

图4-6　指标权重示意图

一是在准则层中将各项指标权重进行对比，可以看出突发公共卫生事件发生前的预防能力在准则层中占有最大的权重。也就是说提前制定应急预案，在平时做好对各个风险点的排查、监测和管控，可显著降低发生公共卫生事件的概率，即便发生公共卫生事件，政府和民众也可以按照应急预案有条不紊地进行防控，有效抵御风险。因此，基于突发公共卫生事件的国土空间规划要优先加强对突发公共卫生事件预防能力的建设。

二是在要素层中将各项指标权重进行对比，得出城市治理、人口规模对该风险评价至关重要，其次为公共服务设施、应急设施、基础设施、生态环境。城市治理能力和人口聚集程度对突发公共卫生事件的发生、应对具有较大影响，若城市治理能力差、管理混乱，则在突发公共卫生事件时，造成的后果就更严重，人口规模越大、越是集中，则在突发公共卫生事件时，其扩散速度越快，给城市带来的风险就越大。

在突发公共卫生事件发生前的预防能力下的要素层中，权重排序最高的为城市治理，说明城市治理能力大小对预防能力的影响最大，强力的城市治理是提高突发公共卫生事件预防能力的关键；在突发公共卫生事件发生时的应对能力下的要素层中，权重排序最高的是公共服务设施，公共服务设施在应对突发公共卫生事件时起到救治病患、保障居民生活物资供应等作用，因此公共服务设施在应对突发公共卫生事件中是重要的空间之一，其次为应急设施，应急设施可拓展救治空间，提高应对突发公共卫生事件的能力。

三是在指标层中将各项指标权重相对比，可以看出人口密度、社区物业管理能力、预警处理能力的权重分列前三位。

在人口规模下的指标层中，人口密度越大，人口聚集程度越大，疫情传播速度就越快，因此在基于突发公共卫生事件的国土空间规划时要注重人口密度疏解；在城市治理下的指标层中，权重最高的为社区物业管理能力，其次为预警处理能力，说明社区应对突发公共卫生事件的处理能力以及前瞻性的预警能力越大，那么城市治理能力就越强，在突发公共卫生事件下的国土空间的风险就越小；在生态环境下的指标层中，公园绿地、广场步行5min覆盖率权重较为突出，公园绿地可增加城市开敞空间，其合理的布局可形成良好的城市风环境，加速空气流通，提高空气质量，其便利的可达性能促使居民进行健身锻炼，增强身体免疫力，所以该指标对降低基于突发公共卫生事件的国土空间规划风险有重要影响；在公共服务设施下的指标层中，医疗设施步行15min覆盖率权重与千人病床数权重基本持平，表明对基于突发公共卫生事件的国土空间风险而言，医疗设施覆盖率和床位数量都很重要，前者可缩短去往医院救治的时间，后者可提供足量的救治床位；在应急设施下的指标层中，平转灾害设施的权重排名最高，国土空间规划中的平灾"两用"设施，预留弹性"空白"用地，可以为突发事件提供应急场所；在基础设施下的指标层中，生命线密度和道路网密度相对平均。灾害发生时，生命线密度越大，供水、电的能力越强，越能保障居民点正常生活，道路网密度高能有效缩短治疗时间，减少伤亡人数。

4.4　基于重大突发公共卫生事件的国土空间规划风险评价模型

4.4.1　指标的标准化处理

在开展基于重大突发公共卫生事件的国土空间规划风险评价时，要将各项指标进行叠加运算，但指标间的计量单位并不一致，因此必须进行无量纲化处理，以便于评价指标的可比性以及指标的可叠加性。本书选取极差法作为标准化处理的方法，对原始数据评价单位标准进行统一（每个数据值在0 ~ 1之间），并将指标分为正向指标（指标值越大风险越大）和逆向指标（指标值越大风险越小），分别采用式（4–7a）、式（4–7b）进行处理，其中x_{ij}为指标原始值，y_{ij}为指标标准值，$\max(x_{ij})$为该项指标中的最大值，$\min(x_{ij})$为该项指标中的最小值。

正向指标：
$$y_{ij} = \frac{x_{ij} - \min(x_{ij})}{\max(x_{ij}) - \min(x_{ij})} \tag{4–7a}$$

逆向指标：
$$y_{ij} = \frac{\max(x_{ij}) - x_{ij}}{\max(x_{ij}) - \min(x_{ij})} \tag{4–7b}$$

4.4.2　风险指数的计算

本书采用综合风险评价模型：

$$R = \sum_{i=1}^{n} F_i \times W_i \tag{4–8}$$

式中　R——基于重大突发公共卫生事件的国土空间规划风险指数；

　　　F_i——第i种指标的标准值；

　　　W_i——第i种指标所占权重。

第 5 章
重大突发公共卫生事件下的国土空间规划风险评价实证研究

为验证评价体系模型具有可操作性以及说明该模型的具体操作流程，本章节以涉县主城区为例进行实证研究。从典型性和特殊性说明及概述、数据获取和处理、基于评价体系的涉县主城区风险现状识别研究、风险评价体系模型、国土空间规划风险策略研究等五个方面进行验证。

5.1 标地典型性、特殊性与概述

5.1.1 典型性说明

国土空间典型性。涉县主城区内建设用地呈团块状分布，新老城区之间紧密联系，整体呈现单中心状，通过主要道路进行连接，且新老城区资源矛盾状况、土地利用组成占比情况与大部分地区主城区相似。所以可以说其代表了大部分城市的建设特点。

城市治理能力典型性。涉县主城区具有典型的城市治理模式。新区建设迅速发展，管理能力较强且规划模式较为科学；老区管理较为落后，其与大部分城市老区普遍存在的管理问题和管理模式存在共同点。

可操作典型性。国土空间是一个复杂的系统，本书简明扼要地以选择涉县主城区为研究对象，在重大突发公共卫生事件的情境下，进行国土空间规划风险分析和评价，确保研究的可操作性。

5.1.2 特殊性说明

2019年，涉县荣获全国新型城镇化质量百强县，2021年入选中国发展潜力百佳县市。通过加强自身建设，涉县已成为京津冀协调发展的重要组成部分，其以国土空间规划为主导，大力提高城市质量，强化城市韧性建设，进一步提升突发公共卫生事件的防控能力。2020年3月涉县召开国土空间总体规划编制工作会，积极推进国土空间总体规划编制工作的进行，因此选取涉县为研究对象也更有利于助推其规划工作的进行。

涉县主城区具有典型性、特殊性、战略性，因此本书将涉县主城区作为研究对象具有重要意义。

5.1.3 标地概况

涉县位于邯郸市西部，居于河北省、河南省和山西省的交界处，是连接中原、京津

冀的首要枢纽节点，具有得天独
厚的地理、区位优势。涉县主城
区更是全县的政治、经济、文化
核心。

主城区是由将军大道、309
国道、滨河路围合而成的区域。
北侧为偏凉组团，西临河南店组
团，东接经济技术开发区和更乐
组团，建成面积13.85km²。涉县主
城区承载着居住、商业、文化、
休闲娱乐等功能（图5-1）。

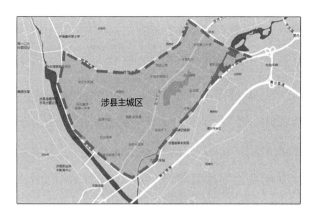

图5-1　涉县主城区区位分析图

依据地理空间数据云对涉县及涉县主城区高程数据、坡度数据进分析（图5-2）。
涉县处于太行山深处，整体地势为北高南低，较为平坦，在清漳河区域海拔较低，呈现
"八山半水分半田"的基本特征。而涉县主城区正位于清漳河区域，其地形条件更便于
居民生活、城市经济发展（图5-3）。

通过对涉县政府的档案、百度街景地图、实地调研与资料收集等方法，依据前面的
参照，绘制出涉县主城区的土地利用现状表。主城区土地面积为13.85km²，其中农业用
地3.45km²，占比为24.91%；建设用地9.21km²，占比为66.50%；生态用地0.56km²，占比
为4.04%（表5-1）。

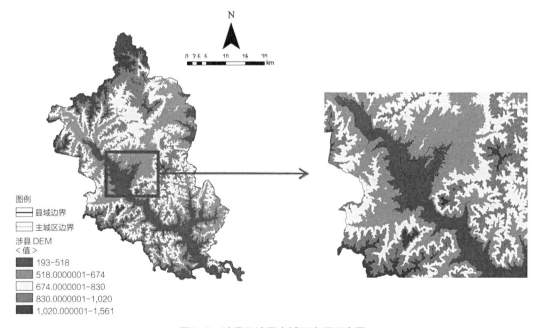

图5-2　涉县及涉县主城区高程示意图

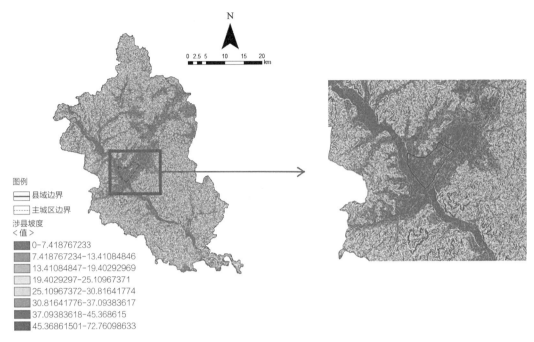

图5-3　涉县及涉县主城区坡度示意图

涉县主城区土地利用现状表　　　　　　　　　　　　表5-1

土地利用类型		面积（km²）	占比（%）
农业用地	耕地	1.08	7.80
	园地	0.06	0.43
	林地	2.18	15.74
	其他农用地	0.13	0.94
建设用地		9.21	66.50
生态用地	水域	0.46	3.25
	湿地	—	—
	自然保留地	0.10	0.72

5.2　数据获取与处理

5.2.1　数据获取

　　基于重大突发公共卫生事件的国土空间规划风险评价的指标需要大量的统计数据和

相关资料支撑。因此，为使指标原始数据真实可靠，本书收集了基于指标的涉县主城区统计资料、图文资料和空间类型数据资料。

本书数据包括空间数据、统计汇总数据、统计计算数据。其中，人口、公园、医疗现状为统计汇总数据；人口密度、社区物业管理能力、预警处理能力、应急预案完善度、人均公园绿地面积、医疗卫生机构千人床位数、人均应急避难场所面积、平灾转换设施数量、生命线密度、道路网密度，均为统计计算数据，主要通过涉县政府获取原始数据进行处理计算；DEM数据、公园绿地、广场步行5min覆盖率、医疗设施步行15min覆盖率、商业设施步行10min覆盖率，均为空间类型数据，通过百度地图、开放街道地图（Open Street Map，简称OSM）等网络开源数据获取（表5-2）。

数据具体来源　　　　　　　　　　　　　　　　　表5-2

数据类型	数据内容	数据格式	数据来源
空间数据	DEM数据、公园绿地、广场步行5min覆盖率、医疗设施步行15min覆盖率、商业设施步行10min覆盖率	SHP、CSV	涉县政府、百度地图、地理空间数据云、开放街道地图
统计汇总数据	人口、公园、医疗现状	CSV	涉县政府、实地调研
统计计算数据	人口密度、社区物业管理能力、预警处理能力、应急预案完善度、人均公园绿地面积、医疗卫生机构千人床位数、人均应急避难场所面积、平灾转换设施数量、生命线密度、道路网密度	Excel	涉县政府、实地调研

5.2.2　数据处理

DEM高程数据处理是通过地理空间数据云下载涉县DEM数字高程数据，并利用ArcGIS软件中的投影栅格、空间分析工具，分析高程坡度，以掩膜方式提取得出研究区高程图。地形坡度是建立在DEM基础上，运用ArcGIS软件的坡度分析命令得出的最终结果。

各个设施覆盖率分析，首先是对空间数据进行整理修改，建立个人地理数据库。其次是以该设施为起点，以道路网为基础，通过ArcGIS软件中的网络分析和服务区分析工具进行分析。

各个设施核密度分析是通过获取设施的POI数据（包括名称、经纬度、地址等信息），对经纬度数据进行坐标系转换，使其位置更加精确，然后利用ArcGIS软件中的Spatial Analyst工具进行核密度分析。

5.3 基于评价指标的涉县主城区风险现状识别分析

对突发公共卫生事件下的国土空间规划风险现状进行研究和评价时，需打破传统的行政区划分和详细规划对地块划分和管控的限制，以防疫分区为划分依据，在统筹空间布局的前提下，进行各区域的风险评价。社区作为城市人类生活和活动的基本空间，具有人口集中程度高、流动性大、突发公共卫生事件发生风险较高的特点。因此，社区被视为疫情防控的基本单元。通过对涉县主城区人口状况的实地调研，结合疫情发生时当地政府对管控单元的划分，将涉县主城区划分为5个防疫单元（图5-4）。

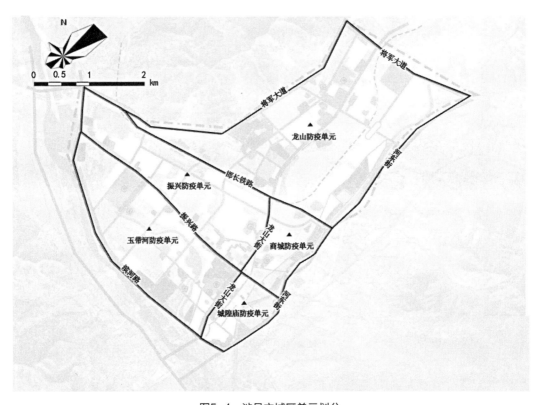

图5-4 涉县主城区单元划分

5.3.1 人口规模风险现状研究

涉县主城区共有62678人，包含五个单元，各单元面积及居住人口如表5-3所示。振兴防疫单元人口数最多，城隍庙防疫单元人口数最少，龙山防疫单元虽然面积最大但人口数并不是最多，因为龙山单元内包括了占地78.7692hm²的龙山和龙山公园。

涉县主城区人口密度呈现出商城单元密度高、龙山单元密度低的明显特点，整体表

涉县主城区人口规模现状调查表　　　　表5-3

单元名称	住宅小区	人口	面积（km²）	人口密度（人/km²）
商城防疫单元	38个	9756人	1.2	8123
振兴防疫单元	60个	1.7万人	2.5	6800
城隍庙防疫单元	49个	5400人	0.85	6353
玉带河防疫单元	56个	1.5万人	3.15	4762
龙山防疫单元	33个	15525人	5.52	2813

现为西南部人口密度大，由中心向外围逐渐递减的态势。依据第3章可知，出现突发公共卫生事件时人口密度大的单元其风险就大，则商城单元相比于龙山单元在人口规模层面，面临突发公共卫生事件时风险更大。

5.3.2　城市治理风险现状研究

为了使居民更加明晰当前政策，涉县应急局紧急制定了《疫情防控工作方案》。在工作中，严格管理，仔细调查，凝聚合力，夯实基础。政府迅速采取行动，体现在快速核实、排查全民信息，及时推送疫情防控措施与知识，逐户发送"十个一律"、《疫情公告》等。明确指定医院，准备防护物资，严格执行医院首诊责任制，切实保障居民生命安全。

对当地居民进行相关调查研究十分必要，此次收到有效反馈问卷228份，其中53份由龙山单元居民填写，46份由振兴单元居民填写，45份由城隍庙单元居民填写，43份由玉带河单元居民填写，41份由商城单元居民填写。基本信息统计如图5-5所示。

使用SPSS对228份问卷数据进行信度分析，利用克隆巴赫信度系数（Cronbach α）为判断标准，当其大于0.80时问卷数据信度非常好（表5-4）。

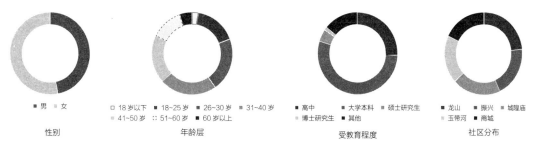

图5-5　问卷调查对象基本信息统计图

问卷数据信度表　　　　表5-4

项目数	样本量	Cronbach α
5	228	0.963

5.3.2.1 预警处理能力

将预警处理能力数据整理后发现，针对涉县主城区在重大突发公共卫生事件下的预警处理能力，被调查者基本持满意态度（包括非常满意和满意），各单元满意度分别为：城隍庙防疫单元73.91%，龙山防疫单元83.87%，商城防疫单元68.42%，玉带河防疫单元79.17%，振兴防疫单元81.48%（图5-6）。

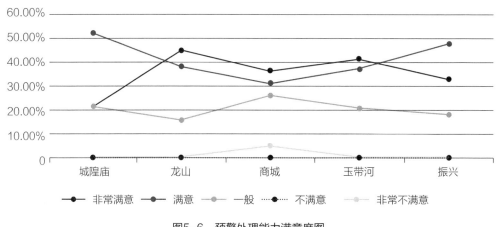

图5-6　预警处理能力满意度图

5.3.2.2 应急预案完善度

将应急预案完善度数据整理后发现，针对涉县主城区在重大突发公共卫生事件下的应急预案完善度，被调查者基本上持满意态度（包括非常满意和满意），各单元满意度分别为：城隍庙防疫单元69.56%，龙山防疫单元74.19%，商城防疫单元68.42%，玉带河防疫单元75.00%，振兴防疫单元77.78%（图5-7）。

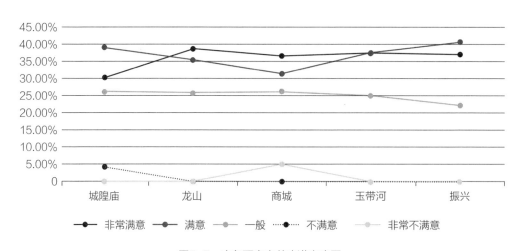

图5-7　应急预案完善度满意度图

5.3.2.3　物业管理能力

将物业管理能力数据整理后发现，针对涉县主城区在重大突发公共卫生事件下的物业管理能力，被调查者基本上持满意态度（包括非常满意和满意），各单元满意度分别为：城隍庙防疫单元65.22%，龙山防疫单元64.51%，商城防疫单元57.89%，玉带河防疫单元66.66%，振兴防疫单元74.07%（图5-8）。

通过实地调研和问卷反馈后的数据整理，可得出涉县主城区五个防疫单元城市治理满意度得分情况（图5-9）。对单项指标而言，预警处理能力上龙山防疫单元满意度得分更为出众；应急预案完善度上振兴防疫单元满意度得分更加突出；物业管理能力上龙山防疫单元满意度得分较为出色。

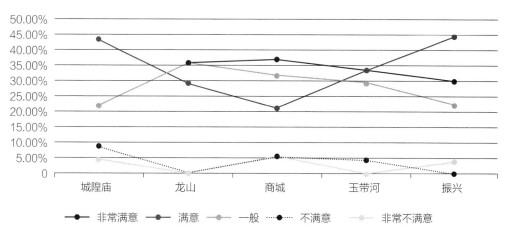

图5-8　物业管理能力满意度图

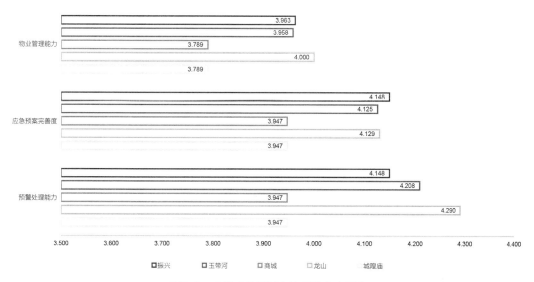

图5-9　各防疫单元城市治理满意度得分

5.3.3 生态环境风险现状研究

涉县主城区景观结构是由清漳河、玉带河、东枯河三条景观轴及其串联的公共绿地构成的。主城区共有22处公园、广场，占地271.35hm²，其中县级公园5处，结合片区形成的组团级公园1处，结合社区中心形成的社区级公园或小游园17处。公园、广场分别有11个位于龙山防疫单元，5个位于玉带河防疫单元，4个位于振兴防疫单元，1个位于商城防疫单元，1个位于城隍庙防疫单元（表5-5）。

涉县主城区公园绿地现状调查表   表5-5

名称		占地面积（hm²）	绿地面积（hm²）	绿地类型
西岗公园		19.9192	19.9192	公园
龙山公园	龙山公园	0.8496	0.8496	公园
	龙山北园	4.3963	4.3963	
玉带河公园	玉带河公园	22.5	15.565	公园
	玉带河二期		4.2	
土龟公园		1.3636	1.3636	公园
环岛公园		8.5119	8.5119	公园
博爱园		1.15	1.15	游园
三尖坝游园		1.7781	1.7781	游园
新苗园		2.4047	2.4047	游园
政通园		1.48	1.48	游园
龙山文化中心广场		11.3834	11.3834	广场
和谐园		2.5917	2.5917	游园
求实园		1.3758	1.3758	游园
欣园		1.752	1.752	游园
逸秀园		0.5174	0.5174	游园
龙南路与龙山大街东南交叉口		0.8111	0.8111	游园
金源广场		2.9	2.9	广场
小海园		0.3	0.3	游园
开发区广场		1.6262	1.6262	广场
将道广场		2.0257	2.0257	广场
朝阳园		0.4138	—	游园
站前园		0.8432	—	游园
国土局西侧游园		0.2711	—	游园

通过ArcGIS软件对公园绿地空间分布进行核密度分析，发现现状空间布局整体表现为由东北向西南密度递增。但在南部老城区因建设强度较大，公园绿地较为欠缺（图5-10）。

通过ArcGIS软件中的网络分析和服务区分析，对公园绿地步行5min覆盖率进行研究，以公园绿地为起点，结合路网计算出具体覆盖率（表5-6）。由图可见涉县主城区西北部、西南部公园绿地覆盖率较低，公园绿地或广场不多，缺少开敞空间，在突发公共卫生事件下，其面临的风险相对比其他地区要高（图5-11）。

涉县主城区公园绿地步行5min覆盖现状表　　　　　　　　　表5-6

	覆盖居住小区个数	步行5min覆盖居住用地面积	居住用地面积	步行5min覆盖率
公园绿地	17	884543m²	4166605m²	21.23%

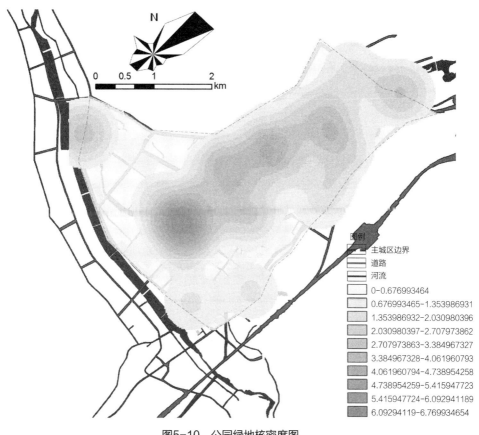

图5-10　公园绿地核密度图

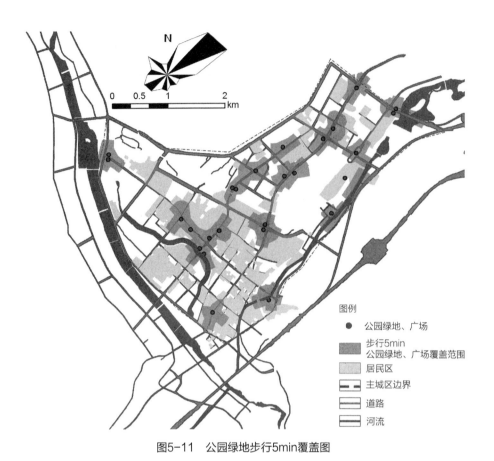

图5-11　公园绿地步行5min覆盖图

5.3.4　公共服务设施风险现状研究

5.3.4.1　医疗卫生设施

涉县主城区卫生设施包括县级综合医院、专科医院、防疫站、卫生院、疾病控制中心等（表5-7）。涉县主城区共有县级医院3所，社会办医院6所，专业公共卫生机构4所，乡镇卫生院1所、卫生室26所，但在突发公共卫生事件时卫生室不具备完备的救治条件，因此不纳入风险因素中。可用床位数共2170张。形成以大型综合医院为主、专业医院为辅的医疗系统。

涉县主城区医疗卫生设施现状调查表　　　　　　　　　　表5-7

	单位名称	医院类别、等级	建筑面积（m²）	用地面积（m²）	床位数（张）
县级 医院	涉县第四医院	专科、二甲医院	2872	2835	30
	涉县医院	综合、二甲医院	85583	123321	875
	涉县中医院	中医院、二甲医院	27724	13777	422

续表

单位名称		医院类别、等级	建筑面积(m²)	用地面积(m²)	床位数（张）
社会办医院	涉县新城广安医院	综合、一级	1100	1200	20
	涉县崇州医院	综合、一级	960	6660	20
	涉县同仁医院（改名涉县广惠医院）	综合、一级	900	1650.89	36
	涉县同济医院（改名涉县仁济医院）	综合、一级	2000	6000	50
	涉县清漳医院	综合性	—	—	70
	善谷医院（新加医院）	综合、二级	37000		500
专业公共卫生机构	涉县肿瘤防治所	专科	1087.52	3489.28	8
	涉县妇幼保健院	专科、二甲医院	3183	1572	99
	涉县卫生监督所	—	1087.52	3489.28	—
	涉县疾病预防控制中心	—	2500	6150	—
乡镇卫生院	涉县涉城镇卫生院	卫生院、一级	3175.84	1520	40

　　通过ArcGIS软件对医疗设施空间分布进行核密度分析（图5-12）。从图中可以看出，涉县主城区医疗资源分布不平衡，医疗资源主要分布在龙山单元，其他单元的分布较少，整体呈现出南部密度高而北部密度低的空间布局形态。整体来看，虽然南部的老城区医疗设施分布密集，但是因其建设强度高，也因此制约了医院发展。而东侧的新城区还在发展之中，虽然医院的数量不及老城区，但其床位数较多。

　　通过ArcGIS软件中的网络分析和服务区分析，对医疗卫生设施步行15min覆盖率进行研究，以医疗设施为起点，通过道路网进行计算得出可达的覆盖区域，进而计算出具体的覆盖率（表5-8）。由图可知涉县主城区北部医疗设施覆盖率较低，在突发公共卫生事件下居民不能快速得到医疗救治，其面临的风险较大（图5-13）。

医疗卫生设施步行15min覆盖现状表　　　　　　　　表5-8

	覆盖居住小区个数	步行5min覆盖居住用地面积	居住用地面积	步行5min覆盖率
医疗卫生设施	69	2242457m²	4166605m²	53.82%

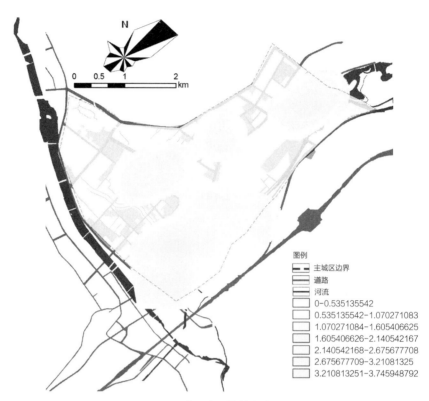

图例
  主城区边界
  道路
  河流
  0-0.535135542
  0.535135542-1.070271083
  1.070271084-1.605406625
  1.605406626-2.140542167
  2.140542168-2.675677708
  2.675677709-3.21081325
  3.210813251-3.745948792

图5-12　医疗卫生设施核密度图

图例
○　医疗卫生设施
  步行15min
  医疗卫生设施覆盖范围
  居民区
  主城区边界
  道路
  河流

图5-13　医疗卫生设施步行15min覆盖图

5.3.4.2　商业设施

商业设施主要指能够保障居民日常生活所需的超市、肉菜市场。分别为龙山防疫单元19个，玉带河防疫单元19个，振兴防疫单元12个，商城防疫单元7个，城隍庙防疫单元5个。

通过ArcGIS软件对商业设施空间分布进行核密度分析，可以看出，居住小区数量多的防疫单元，其区域周边分布的商超、市场等数量也较多。现状呈现出南部密度高、北部密度低、东部数量多、西部数量少的空间布局，整体分布不平衡（图5-14）。

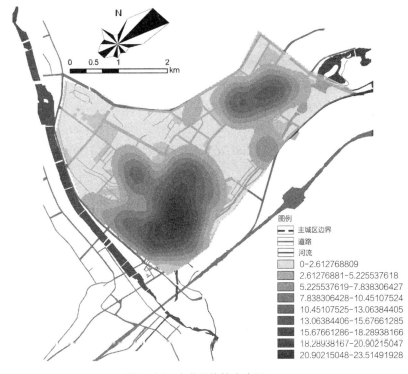

图5-14　商业设施核密度图

通过ArcGIS软件中的网络分析和服务区分析，对商业设施步行10min覆盖率进行研究，以商业设施为起点，通过道路网进行计算得出可达的覆盖区域，进而计算出具体的覆盖率（表5-9）。由图可知南部覆盖率较高（图5-15），在突发公共卫生事件时，南部地区居民生活物资获取较为方便，较少产生跨区域流动，其面临的风险较小。

商业设施步行10min覆盖现状表　　表5-9

	覆盖居住小区个数	步行10min覆盖居住用地面积	居住用地面积	步行10min覆盖率
商业设施	95	3060584m²	4166605m²	73.46%

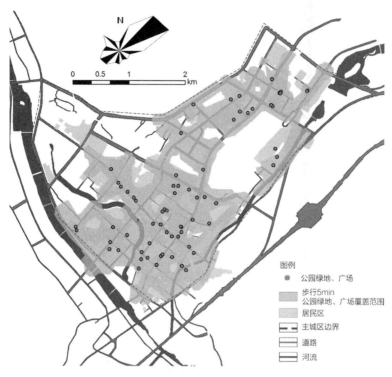

图5-15   商业设施步行10min覆盖图

5.3.5   应急避险设施风险现状研究

5.3.5.1   平转灾空间

涉县主城区可作为临时防疫和医疗救治空间的有体育设施，其内部空间大，可操作性强，并且体育设施、文化设施可达性高、基础设施配套齐全；学校宿舍楼、宾馆大多为多层独栋建筑，与医院住院区较为相似，且交通较为便利、基础设施齐全。依据空间可操作性、转换经济性、基础配套设施完备性进行筛选统计，如表5-10所示。

涉县主城区平转灾空间现状调查表   表5-10

体育设施、文化设施	体育场1座、体育馆2个（其一现与涉县一中艺术馆合并，另一为涉县志翔篮球体育馆）
学校	涉县一中、涉县二中、涉县三中
宾馆	主城区内可供选择的宾馆共67个

根据上文的涉县主城区平转灾空间现状调研，可以发现，龙山防疫单元可供选择的平灾转换空间为25处，城隍庙防疫单元可供选择的平灾转换空间为16处，振兴防疫单元可供选择的平灾转换空间为12处，玉带河防疫单元可供选择的平灾转换空间为11处，商城防疫单元可供选择的平灾转换空间为8处。对比而言，龙山单元内可供选择的平灾转换空间数量最多，在突发公共卫生事件时可作为隔离观察的选择空间数量就最多，其在该项中风险相对最小。

5.3.5.2　应急避险场地

涉县主城区共有9个固定应急避险场地。其中，龙山防疫单元有6个，玉带河防疫单元有2个，商城防疫单元有1个，城隍庙及振兴防疫单元没有。疏散通道为南北向主要干道、东西向主要丁道，主城区内主、次、支路结合高速公路等交通干线形成完备的疏散通道。

主城区内应急避险场地主要以公园、绿地、广场作为紧急避难场所，以提供防灾避难服务的中小型场所为主，区域内缺乏满足条件的大型中心避难场所（表5-11）。

应急避险场地现状调查表		表5-11
应急避险场地名称	有效避险面积（m²）	所处防疫单元
龙山北园	1500	龙山
龙山公园	3000	龙山
和谐园、求实园（铁道游园）	1000	龙山
二幼广场（新苗园）	400	龙山
西岗东门	1800	龙山
西岗公园西门	1300	龙山
玉带湖	5000	玉带河
金源广场	1200	玉带河
龙南路龙山大街交叉口	450	商城

通过ArcGIS软件对应急避险场地空间分布进行核密度分析，涉县主城区整体呈现出从北向南依次减少、东北高西南低的形态，北部的龙山单元为新建城区，应急避险场地分布较多（图5-16）。涉县主城区应急避险场地分布不均衡，在突发公共卫生事件下城隍庙单元、振兴单元缺少可用应急避险场地，存在较大的风险。

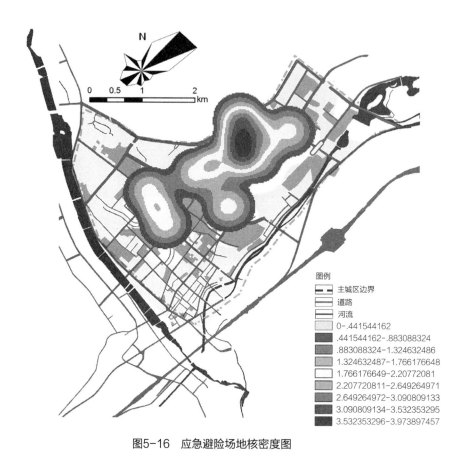

图5-16　应急避险场地核密度图

5.3.6 基础设施风险现状研究

5.3.6.1 道路交通

现状涉县主城区道路网采用以方格网为主、环路和放射路相结合的方式。其中，主干路形成"X"形方格网式结构，包括平安路、迎春街、龙山大街（龙井大街）、开元大街、河东街、滨河路、振兴路、龙南路、崇州路、将军大道、娲皇路（图5-17）。现状道路网密度为4.70km/km²，其中城隍庙防疫单元为6.37km/km²，振兴防疫单元为5.20km/km²，商城防疫单元为5.20km/km²，龙山防疫单元为4.60km/km²，玉带河防疫单元为4.26km/km²。

整体而言，该区域虽然已初步形成道路网，但其整体密度较低，匹配不合理，道路支路较少，整体道路体系有待加强。因此，其在突发公共卫生事件中提供便捷、多样疏散通道的能力较弱。若在突发应急事件下需要封控道路，则其剩余通行道路较少。相比之下，涉县主城区中的城隍庙防疫单元道路网密度最大，因此其在道路网层面面临的风险最小。

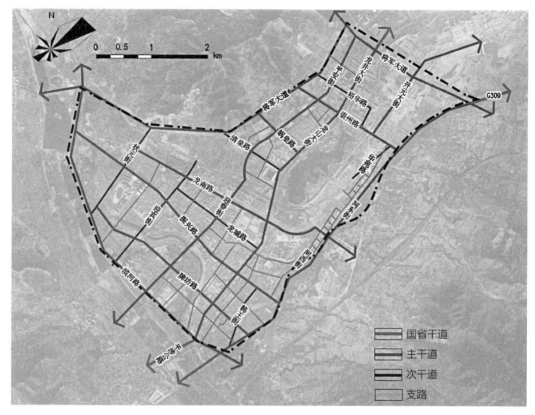

图5-17　涉县主城区道路现状图

5.3.6.2　生命线工程

主城区内重大基础设施建设——生命线工程，如给水、供电、通信、燃气等。选取供水网为对象，对其进行生命线密度计算。主城区内为了保障供水的可靠性，配水干管主要沿城区主要道路布置（图5-18），给水网生命线密度为1.676km/km²，其中城隍庙防疫单元为2.58km/km²，振兴防疫单元为2.54km/km²，龙山防疫单元为2.16km/km²，商城防疫单元为1.97km/km²，玉带河防疫单元为1.56km/km²。

给水网密度现状整体为北低南高、西低东高的形态，给水网分布不均导致部分地区给水不充足。面对突发公共卫生事件时居民在家隔离，饮用水供应非常关键。发生其他情况时，如水网供应有限，则会影响建设临时应急隔离区，甚至在严重时，会导致更严重的后果。例如，玉带河社区相比较而言在生命线密度方面面临的风险更大。

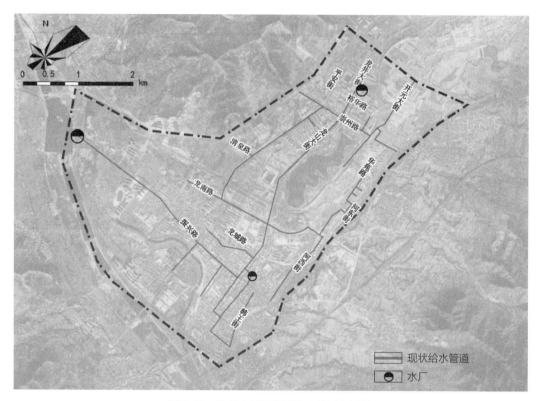

图5-18　涉县主城区现状给水管网布局图

5.4 基于重大突发公共卫生事件的涉县主城区国土空间规划风险评价体系模型

5.4.1 数据标准化处理

数据质量是保障基于重大突发公共卫生事件下国土空间规划风险评价的准确性和客观性的关键要素，是风险评价的基础。鉴于此，数据整理将定性指标（包括城市治理下的社区物业管理能力、预警处理能力、应急预案完善度）的原始值进行5级标度打分。定量指标则把本身数据作为原始值。

首先，将指标层各评价指标分为正向指标（人口密度）和逆向指标（社区物业管理能力、预警处理能力、应急预案完善度、人均公园绿地面积、公园绿地、广场步行5min覆盖率、医疗设施步行15min覆盖率、商业设施步行10min覆盖率、人均应急避难场所面积、平灾转换空间数量、生命线密度、道路网密度）。

然后，结合5.2节数据对五个防疫单元现状数据进行统计，得出原始值数据（表5-12～表5-17）。

各防疫单元人口规模指标原始值　　　　　　　　　　表5-12

单元名称	人口密度（人/km²）
商城防疫单元	8123
龙山防疫单元	2813
城隍庙防疫单元	6353
振兴防疫单元	6800
玉带河防疫单元	4762

各防疫单元城市治理指标原始值　　　　　　　　　　表5-13

单元名称	社区物业管理能力	预警处理能力	应急预案完善度
商城防疫单元	3.79	3.95	3.95
龙山防疫单元	4.00	4.29	4.13
城隍庙防疫单元	3.70	3.91	3.96
振兴防疫单元	3.96	4.15	4.15
玉带河防疫单元	3.96	4.21	4.13

各防疫单元生态环境指标原始值　　　　　　　　　　表5-14

单元名称	人均公园绿地面积（m²）	公园绿地、广场步行5min覆盖率
商城防疫单元	0.83	12.32%
龙山防疫单元	37.31	21.05%
城隍庙防疫单元	1.56	23.80%
振兴防疫单元	2.25	23.69%
玉带河防疫单元	18.50	22.13%

各防疫单元公共服务设施指标原始值　　　　　　　　表5-15

单元名称	医疗设施步行15min覆盖率	医疗卫生机构千人床位数（张）	商业设施步行10min覆盖率
商城防疫单元	71.94%	6.77	83.06%
龙山防疫单元	45.21%	89.85	63.06%
城隍庙防疫单元	95.89%	20.37	88.92%
振兴防疫单元	50.08%	4.12	69.93%
玉带河防疫单元	42.74%	49.60	80.27%

各防疫单元应急设施指标原始值   表5-16

单元名称	人均应急避难场所面积（m^2）	平灾转换空间数量
商城防疫单元	0.046	8
龙山防疫单元	0.580	25
城隍庙防疫单元	0.000	16
振兴防疫单元	0.000	12
玉带河防疫单元	0.413	11

各防疫单元基础设施指标原始值   表5-17

单元名称	生命线密度（km/km^2）	道路网密度（km/km^2）
商城防疫单元	1.97	5.20
龙山防疫单元	2.16	4.60
城隍庙防疫单元	2.58	6.37
振兴防疫单元	2.54	5.20
玉带河防疫单元	1.56	4.26

依据式（4-7a）、式（4-7b）对原始数据进行标准化处理，得出指标的标准值（表5-18~表5-23）。

各防疫单元人口规模指标标准值   表5-18

单元名称	人口密度（人/km^2）
商城防疫单元	1.000
龙山防疫单元	0.000
城隍庙防疫单元	0.667
振兴防疫单元	0.751
玉带河防疫单元	0.367

各防疫单元城市治理指标标准值   表5-19

单元名称	社区物业管理能力	预警处理能力	应急预案完善度
商城防疫单元	0.700	0.895	1.000
龙山防疫单元	0.000	0.000	0.100
城隍庙防疫单元	1.000	1.000	0.950
振兴防疫单元	0.133	0.368	0.000
玉带河防疫单元	0.133	0.211	0.100

各防疫单元生态环境指标标准值　　　　　　　　表5-20

单元名称	人均公园绿地面积（m²）	公园绿地、广场步行5min覆盖率
商城防疫单元	1.000	1.000
龙山防疫单元	0.000	0.240
城隍庙防疫单元	0.980	0.000
振兴防疫单元	0.961	0.010
玉带河防疫单元	0.516	0.145

各防疫单元公共服务设施指标标准值　　　　　　　表5-21

单元名称	医疗设施步行15min覆盖率	医疗卫生机构千人床位数（张）	商业设施步行10min覆盖率
商城防疫单元	0.451	0.969	0.227
龙山防疫单元	0.954	0.000	1.000
城隍庙防疫单元	0.000	0.810	0.000
振兴防疫单元	0.862	1.000	0.734
玉带河防疫单元	1.000	0.469	0.334

各防疫单元应急设施指标标准值　　　　　　　　表5-22

单元名称	人均应急避难场所面积（m²）	平灾转换空间数量
商城防疫单元	0.921	1.000
龙山防疫单元	0.000	0.000
城隍庙防疫单元	1.000	0.529
振兴防疫单元	1.000	0.765
玉带河防疫单元	0.288	0.824

各防疫单元基础设施指标标准值　　　　　　　　表5-23

单元名称	生命线密度（km/km²）	道路网密度（km/km²）
商城防疫单元	0.598	0.555
龙山防疫单元	0.412	0.839
城隍庙防疫单元	0.000	0.000
振兴防疫单元	0.039	0.555
玉带河防疫单元	1.000	1.000

5.4.2　评价结果分析

经过上文的总结和计算，获取了所有13项指标的标准值，随后将每项指标赋予对应权重，根据风险指数计算公式（4-8），最终得到五个单元各项指标得分和基于重大突发公共卫生事件的国土空间规划风险指数（表5-24）。

五个单元各项评价指标最终得分及风险指数　　　　　　　　　表5-24

指标层	商城防疫单元	龙山防疫单元	城隍庙防疫单元	振兴防疫单元	玉带河防疫单元
人口密度（D11）	0.2361	0.0000	0.1575	0.1773	0.0866
社区物业管理能力（D21）	0.0795	0.0000	0.1136	0.0151	0.0151
预警处理能力（D22）	0.0971	0.0000	0.1085	0.0399	0.0229
应急预案完善度（D23）	0.0845	0.0085	0.0803	0.0000	0.0085
人均公园绿地面积（D31）	0.0427	0.0000	0.0418	0.0410	0.0220
公园绿地、广场步行5min覆盖率（D32）	0.0500	0.0120	0.0000	0.0005	0.0073
医疗设施步行15min覆盖率（D41）	0.0260	0.0550	0.0000	0.0497	0.0577
医疗卫生机构千人床位数（D42）	0.0550	0.0000	0.0460	0.0568	0.0266
商业设施步行10min覆盖率（D43）	0.0043	0.0190	0.0000	0.0139	0.0063
人均应急避难场所面积（D51）	0.0511	0.0000	0.0555	0.0555	0.0160
平灾转换空间数量（D52）	0.0670	0.0000	0.0354	0.0513	0.0552
生命线密度（D61）	0.0392	0.0270	0.0000	0.0026	0.0656
道路网密度（D62）	0.0239	0.0362	0.0000	0.0239	0.0431
风险指数	0.8566	0.1577	0.6387	0.5276	0.4330

通过图5-19将五个单元纵向对比分析可以得出：五个单元的风险度以龙山单元为最低，风险值为0.1577，对比其他四个单元，龙山单元整体表现最好，但在本单元内医疗设施步行15min覆盖率风险指数较大，其医疗设施分布较不均衡，部分地区覆盖率差；商城单元总体风险最高，风险值为0.8566，在本单元内人口密度风险指数格外突出，面对突发公共卫生事件风险较大，但商业设施步行10min覆盖率的风险指数较小；城隍庙单元风险值为0.6387，风险程度仅次于商城单元，在本单元内公园绿地、医疗设施覆盖率的风险指数较小，其覆盖率状况较好，但无应急避险场地，应急预案完善度和社区物业管理存在较高风险；振兴单元风险值为0.5276，本单元内应急预案完善度的风险指数较小，其满意程度较高，但医疗卫生机构千人床位数和平灾转换空间数量风险指数较大；玉带河单元风险值为0.4330，本单元内公园绿地面积以及覆盖率的风险指数较小，其可达性较好，道路网密度和基础供水设施密度风险指数也较小，但医疗设施步行15min覆盖率风险指数较大，覆盖率状况较差，人口密度风险指数高。

　　将每个单元指标横向对比，根据准则层，从突发公共卫生事件发生前的预防阶段来看（图5-20），商城防疫单元较其他四个单元风险指数大，风险最高。龙山防疫单元在突发公共卫生事件发生前的预防风险指数最小，风险最低。

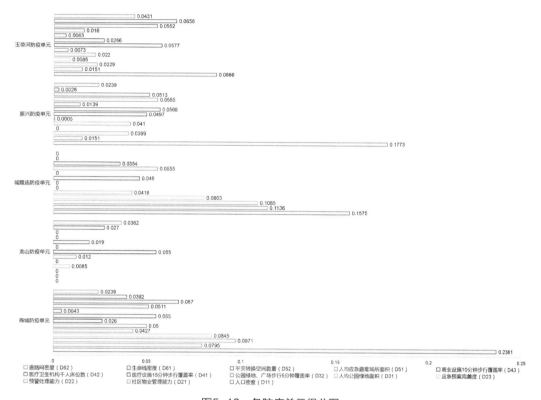

图5-19　各防疫单元得分图

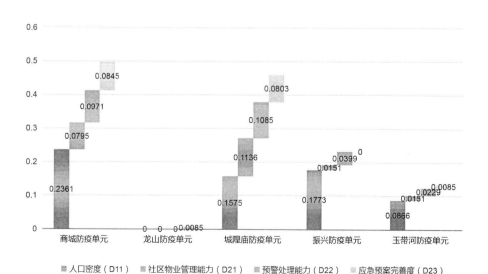

图5-20　各个单元突发公共卫生事件发生前的预防能力示意图

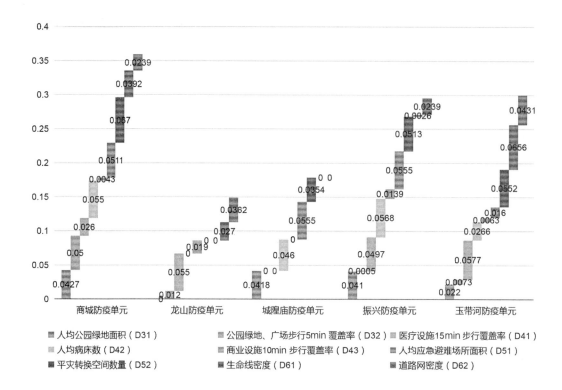

图5-21 各个单元突发公共卫生事件发生前的应急能力示意图

从突发公共卫生事件的应急阶段（图5-21）来看，该图表明涉县主城区的各防疫单元分数差距较大，其中风险指数由大到小的顺序为商城防疫单元、玉带河防疫单元、振兴防疫单元、城隍庙防疫单元、龙山防疫单元。由于该风险指数是逆向指标，其指数越大表明其在面临突发公共卫生事件时的应急能力越低。由上述的指数排名可知，风险指数最高的商城单元的应急能力最差，龙山防疫单元应急能力相对最强。

涉县主城区各单元的重大突发公共卫生事件的国土空间规划风险值分布在0.1577~0.8566之间，其中最高为商城防疫单元的0.8566，龙山防疫单元最低，为0.1577。依据最终计算得出的五个防疫单元风险值，利用ArcGIS软件自然间断点法（Jenks），将涉县主城区各个单元依据重大突发公共卫生事件的国土空间风险值由高到低分为三个等级（表5-25）。高风险为0.638701~0.856600，包括商城防疫单元；中风险为0.157701~0.638700，包括城隍庙防疫单元、振兴防疫单元、玉带河防疫单元3个单元；低风险为0.000000~0.157700，为龙山防疫单元。

基于重大突发公共卫生事件的国土空间风险，受突发公共卫生事件发生前预防能力（包括人口规模、城市治理）和突发公共卫生事件发生时响应能力（包括生态环境、基础设施、应急设施、公共服务设施）的共同影响和制约。由表5-25可知，涉县主城区风险的空间分布整体表现出由南向北风险逐渐降低，这是由于商城单元属于老城区，内部人口多、建设强度大、环境较差，老旧小区较多存在没有现代物业管理服务或管辖不明确等问题，所以在突发公共卫生事件下其存在较高风险。而龙山单元人口密度小、环境良好、新建小区物业管理能力较强，整体风险较低。

涉县主城区基于重大突发公共卫生事件的国土空间风险等级划分　　表5-25

基于重大突发公共卫生事件的国土空间风险等级	划分标准	单元名称
高风险	0.638701—0.856600	商城防疫单元
中风险	0.157701—0.638700	振兴、玉带河、城隍庙防疫单元
低风险	0.000000—0.157700	龙山防疫单元

5.5 基于重大突发公共卫生事件的涉县主城区国土空间规划应对策略研究

5.5.1 优化策略目标及原则

以提升城市应对重大突发公共卫生事件能力为总目标，增强城市突发公共卫生事件发生前的预防能力、强化突发公共卫生事件发生时的应急能力为两项分目标。以建设健康城市和公共卫生安全城市为总体要求，重点关注国土空间规划在重大突发公共卫生事件下的薄弱点。将以人为本作为一贯的发展理念，坚定预防为主、平疫结合为辅的准则。根据各地区自身特点，因地制宜地提出针对性目标与规划策略（图5-22）。

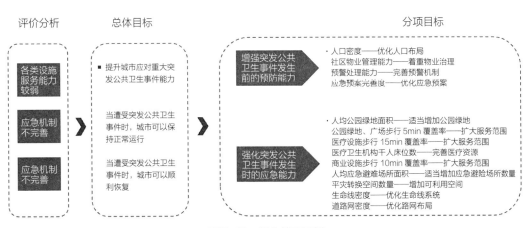

图5-22　优化策略目标

5.5.2　整体优化策略

5.5.2.1　划分国土空间防疫单元

根据突发公共卫生事件管理需要，构建基本防疫单元，以其为基础统筹各类设施布局和对人员的管控。在疫情期间社区是防疫的基本防控单元，是支持居民日常生活的基本生活单元，是城市行政管理的基本管理单元，而详细规划编制单元常由道路围合而成，或许会将社区隔裂开来。因此防疫单元不应局限于传统详细规划下的管控单元，应以社区的设定进行划分，综合考量其社区设定、人口分布、行政区划进行详细规划编制单元下的划分。

打破传统行政分区，结合涉县主城区社区、人口以及在疫情期间当地政府管理现状等统筹考虑，分为五个防疫单元，分别为商城、城隍庙、振兴、玉带河、龙山防疫单元。

5.5.2.2　统筹规划国土空间风险要素

1. 建立人口高密度区域的空间治理机制

一方面，由于城市优质资源多在中心城区聚集，建设强度较大，造成中心城区人口密度过高，所以在今后的城市更新改造中，不可一味地以提高经济为单一目标，应严格管控区域内的建设强度，合理引导人口向新城区疏散。对于特大城市可考虑建设城市圈缓解人口压力。另一方面，通过完善高密度区域内的各类设施布局，运用信息技术治理城市，打造智慧城市，改善人居环境，提高人口高密度区域的空间治理水平。

涉县主城区可通过对老城区内的各类设施的完善，新信息技术的应用，以改善人居环境，提高空间治理水平，适当地引导老城区人口向龙山单元等新城区疏散。

2. 建设安全的城市生命线系统

城市供水、供电、通信等生命线系统是保障居民基本生活的"最后防线"，其在突发公共卫生事件中的重要性不言而喻。因此需要明确防疫设施对象及类型，提前预测供水、供电、通信等基础设施的规模、需求，合理提高城市生命线系统的冗余度，合理规划管线，确保生命线系统的安全，维护公众的基本日常生活，以此确保重大突发公共卫生事件下生命线的正常运转。

以供水为例，应加大涉县主城区主干管线密度，增大冗余度，提高在重大突发公共卫生事件下生命线系统的可靠性，保障供水充足。

3. 提高道路网密度，构建应急交通体系

保证城市交通顺畅的必要条件是合理的道路网结构和密度，道路网合理布局可以为突发公共卫生事件发生时的人员救治、物资运输、群众疏散等提供更多路线。应依据城市综合交通系统，合理设置应急救援和物资应急通道，保障通道之间的连贯性，形成多通道互相支撑的应急交通廊道。

结合现状应急疏散通道，依托高速公路以及主要干道，形成"四横六纵多辅线"的布局模式。"四横"由G309、平涉公路、平安街（迎春街）、将军大道等四条东西贯穿主城区的主要道路组成，"六纵"由将军大道、崇州路、娲皇路、龙南路、振兴路、滨河路六条南北贯通的主干道路构成，具有良好的道路通畅性，"多辅线"是为完善应急疏散通道而增设的救灾干道，以保障救援道路的完整性、连通性。

4. 构建全面的医疗救治体系，合理布局医疗卫生设施

建立分级诊疗体系，使各级医疗机构共同承担应急事件下的救治工作。建立以疾病控制中心和大型医院为核心、社区基层医院为"基础"的体系。基层医院承担大型医院的特需门诊功能，在对病者进行首诊后，诊断后再依据病情转移到指定医院，避免大量人员在大型、综合专科医院造成二次交叉感染，以此确保诊断的及时、高效、有序。

均衡医疗卫生服务设施空间分布和资源合理配置，确保医疗设施以及医疗资源充分、高效利用。其选址应综合考虑，注重服务半径合理性、资源分配公平性、交通通行便利性、卫生隔离必要性、基础设施便捷性，不宜设置在人口密集区域。

选定二级及以上医院为应急保障医院（作为核心），社区卫生服务中心为应急功能保障医院（作为"网底"）。涉县主城区现状医疗卫生服务设施的分布在南部较为集中，西北部较为缺乏，这种空间分布的不均衡对片区公共服务设施的可达性和均衡性会产生不利影响。虽然南部地区医疗设施较多，但其医疗资源较差。医院要注重选址和布局的合理性，比如要规划在城市下风向处，避开人口稠密区，在其外围建设防护绿地和可拓展用地，注重服务半径规划。完善医疗资源配置，如床位数等，提高接收病患的能力。

5. 加强城市绿地建设，增强城市弹性空间

城市绿地可打造成为兼顾防护与应急的空间。绿色开放空间和运动设施的合理规划可以提供活动场所，提高居民生活品质，优化人居环境，帮助居民在隔离期间减少焦虑，提升身体素质，增强抵抗力。除此之外，绿色开放空间还可作为临时应急场地，以备不时之需。

6. 制定城市留白空间和大型公共设施平灾转换机制

留白空间和大型公共建筑作为城市应急避险空间。城市设计中应前瞻性地留有应急场地，为城市"留白"，提升大型公共建筑的防疫水平和标准。在非常时期作为临时隔离点，以应对突发情况，以此增强城市韧性，同时又可为城市未来发展预留场地，为子孙后代留下发展空间。在选取公共建筑设施作为临时隔离点时，要注意可操作性和便利性，如建筑本身是否安全坚固，是否具备供水、供电等基本的生活功能。

涉县主城区范围内的一些防疫单元没有设置应急避险空间，致使其在应对突发公共卫生事件后时，应急能力较低，增加了单元的风险。应针对该单元增设相应避险场地，将涉县体育场视为整个主城区的中心避难场所。

5.5.2.3　提升国土空间治理能力

1.　提高城市治理能力

城市治理是实现国家治理体系和治理能力现代化的关键一步。本次突发公共卫生事件的发生可以反映出城市治理体系以及治理能力的重要性。充分利用互联网、大数据等信息手段助力城市防控工作，提升精准化、精细化水平。利用大数据绘制出关于公共卫生的"高危地图"，实时掌握居民健康状况及其动态。利用人工智能技术建立信息共享，整合消防、公安、医院等领域的信息，及时监测高危人群、高危地区，构建联防联控的预警系统，有助于提升应对突发重大公共事件的能力。

社区作为防控突发公共卫生事件的"第一关口"，因此要加强基层社区治理能力。但目前社区处在社会治理的末端，也是城市治理中较为薄弱的环节。若社区基础防控不到位，则会加剧突发公共卫生事件的蔓延。涉县主城区普遍存在基层社区物业管理能力差的问题，因此要加强基层社区治理能力。

2.　开展突发公共卫生事件专项规划和风险评估

现有的国土空间规划中还没有涉及有关突发公共卫生事件的专项规划，建议将突发公共卫生风险评估纳入国土空间规划中，提前做好评估预判。将韧性城市理念纳入国土空间规划，除"双评价"之外还需引入"突发公共卫生事件的风险评价"，构成国土空间规划"三评价"体系。用多角度、多学科、多领域去构建、打造韧性城市。

5.5.3　分单元差异化优化对策

在重大突发公共卫生事件背景下，为全面提高涉县主城区国土空间抵抗风险的能力，可依据各防疫单元的综合风险值得知其抗风险能力优势与劣势，更好的针对"痛点"提出解决策略，指挥涉县主城区整体、局部两层面更好的开展全面综合防御与应对风险事件的整体规划。

5.5.3.1　龙山防疫单元

龙山防疫单元现状风险较低。作为现状防控突发公共卫生事件综合能力最好的单元，还需优化道路网通达性，增设并完善公园绿地、广场以及医院（社区卫生服务中心），优化生命线系统，保障供水通畅，增加商业设施。通过ArcGIS的"位置分配"功能中的最大化覆盖范围模型和最小化设施点数模型，进行设施优化布局分析，并结合现状用地、建设成本、涉县中心城区用地规划图（2013—2030年）等，绘制出龙山防疫单元优化图（图5-23）。

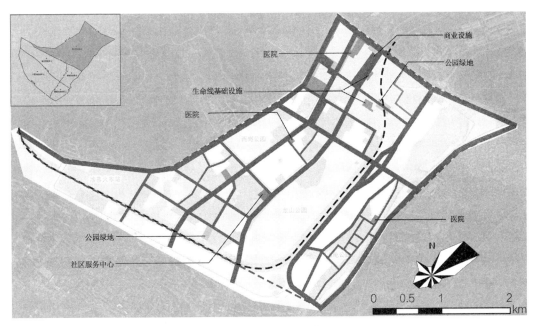

图5-23 龙山防疫单元优化图

5.5.3.2 商城防疫单元

商城防疫单元现状为高风险。单元内道路网密度虽高，但是通畅度较低，需在规划道路网体系时加强支路和次干路的建设，拓宽道路，保障道路质量和通畅度。增加供水管线，优化生命线系统。增设一处社区服务中心，增强社区管理能力。为解决该区域内公园绿地较少、覆盖率较差以及应急避险场地较少的问题，应在该区域内增设公园绿地和广场，并作为紧急避难场所。该区域人口密度过高，公共资源短缺，故此应向其他处在发展阶段的区域，如龙山等地疏散人口。通过ArcGIS的"位置分配"功能中的最大化覆盖范围模型和最小化设施点数模型，进行设施优化布局分析，并结合现状用地、建设成本、涉县中心城区用地规划图（2013—2030年）等，绘制出商城防疫单元优化图（图5-24）。

5.5.3.3 振兴防疫单元

振兴防疫单元现状为中等风险。以解决医疗设施和应急避险场地缺失为重点，同时优化提升单元内治理能力。以评价结果为导向，为保障居民得到快速、便捷的救治，应该增设医院（社区卫生服务中心），将单元内适宜的公园绿地和广场作为应急避险场地，以弥补现状防疫不足。此外，重新规划布置社区服务中心可使振兴防疫单元的预警处理能力、应急预案完善能力、层级传导能力得到提高。通过ArcGIS的"位置分配"功能中的最大化覆盖范围模型和最小化设施点数模型，进行设施优化布局分析，并结合现状用地、建设成本、涉县中心城区用地规划图（2013—2030年）等，绘制出振兴防疫单元优化图（图5-25）。

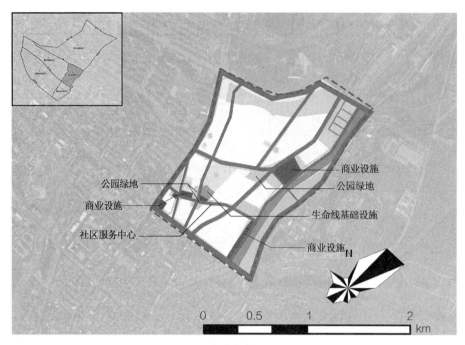

图5-24　商城防疫单元优化图

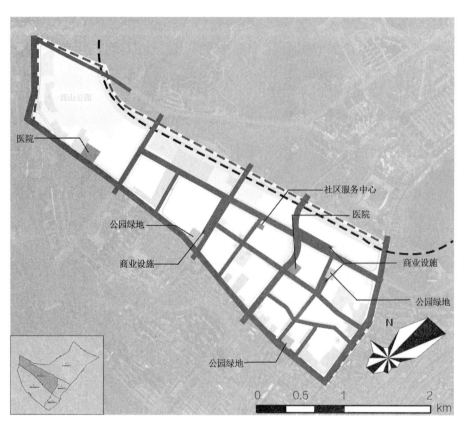

图5-25　振兴防疫单元优化图

5.5.3.4　城隍庙防疫单元

城隍庙防疫单元现状为中风险。其区域内人流、车流较为密集，道路网密度较高，因此要拓宽道路，完善道路质量，以保障突发公共卫生事件时道路通畅。单元内部医疗设施虽然覆盖率较高，但是人均医疗资源较少，可适当对原有医疗设施进行扩建或增加用地。为解决单元内无应急避险场地问题，规划增加2处公园绿地和广场并作为该单元应急避险场地。此外，单元内部社区管理和物业治理较为混乱，应规划布置社区服务中心，解决应急预案完善度、物业处理能力较弱的问题。该区配套实施较为老旧，对生活品质和防疫造成了影响，亟需对其进行更新规划。通过ArcGIS的"位置分配"功能中的最大化覆盖范围模型和最小化设施点数模型，进行设施优化布局分析，并结合现状用地、建设成本、涉县中心城区用地规划图（2013—2030年）等，绘制出城隍庙防疫单元优化图（图5-26）。

5.5.3.5　玉带河防疫单元

玉带河防疫单元现状为中等风险。该单元内现状道路网体系还不完善，应提高道路网密度，完善道路网系统。根据评价结果可知其医疗设施布局不均衡，建议在其西部设

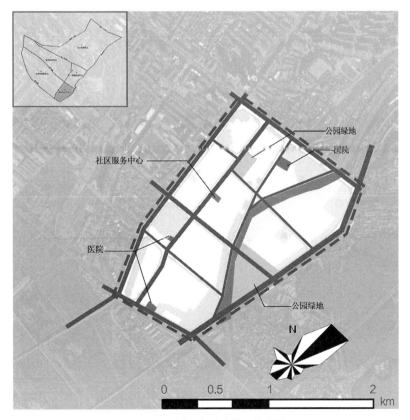

图5-26　城隍庙防疫单元优化图

置医院（社区卫生服务中心）。还应优化生命线系统，保障在突发公共卫生事件时供水充足，增设社区服务中心，增强社区管理能力。通过ArcGIS的"位置分配"功能中的最大化覆盖范围模型和最小化设施点数模型，进行设施优化布局分析，并结合现状用地、建设成本、涉县中心城区用地规划图（2013—2030年）等，绘制出玉带河防疫单元优化图（图5-27）。

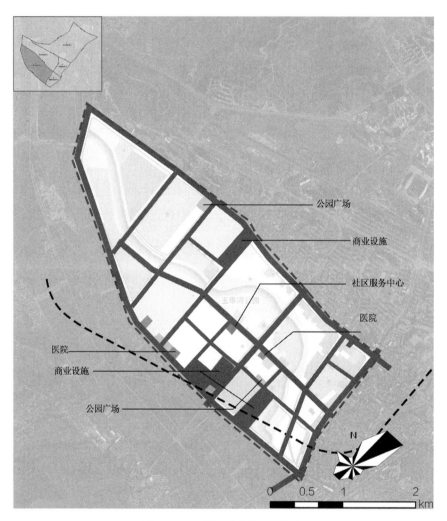

图5-27　玉带河防疫单元优化图

第 6 章
社区韧性研究进展

6.1 社区韧性及其评价的必要性

6.2 国内外研究进展

全球性疫情不仅对人类的公众健康与生命安全造成严重的威胁，对正常的日常生活工作产生重要的影响，也对各国的经济发展形成重创。2009年以来，根据《国际卫生条例（2005年）》，WHO宣布了六起"国际关注的突发性公共卫生事件（PHEIC）"，皆为传染性疾病，波及范围广，对人类身体健康和经济发展构成了极大的威胁。提高社区韧性对于减少病毒传播和保持居民的日常生活不受严重影响具有重要的意义，本章指出了社区防疫韧性评价的必要性，并对国内外相关研究进行梳理和总结。

6.1 社区韧性及其评价的必要性

目前为止，面临病毒毒株变异、疫苗效力减弱、病毒长期共存的挑战。在这种情况下，世界各国均高度关注非药物干预措施（Non-pharmaceutical interventions），即个人防护、社区防控和环境清洁所发挥的作用。

由于城市居民生活于高密度的、更复杂的人居环境之中，面临疫情表现出极高的脆弱性，增大了疫情传播的危险性。社区作为城市防疫体系的重要组成部分和城市体系结构的基础单元，防疫现状不容乐观，主要表现在空间设施建设不足、防控治理能力不足、防疫意识薄弱等方面。提高中国城市社区的防疫能力迫在眉睫。

此次疫情是我国公共安全与应急管理工作的巨大挑战。习近平总书记指出，要针对这次疫情应对中暴露出来的短板和不足，完善国家应急管理系统，提高处理急难险重任务能力。

党的十八大以来，习近平总书记从全局和战略高度，对新时期公共安全和应急管理工作的基本要求和行动指南进行了深入的论述。2013年11月，党的十八届三中全会提出"健全公共安全体系"，标志着中国应急管理进入公共安全体系建设的新阶段。2019年10月，党的十九届四中全会提出，健全公共安全体制机制，优化国家应急管理能力体系建设，提高防灾减灾救灾能力。2019年11月，习近平总书记就我国应急管理体系和能力建设强调，应急管理是国家治理体系和治理能力的重要组成部分，要充分利用我国自身的特色优势，吸收国外先进经验，努力推动我国的应急管理体制与能力现代化。

为了应对城市化过程中的各种风险，2020年10月29日，《中共中央关于制定国民经济和社会发展第十四个五年规划和二〇三五年远景目标的建议》中首次将建设韧性城市纳入发展目标，以构筑坚实的国家安全屏障，加强特大城市治理中的风险预防和控制。这是针对我国城镇化建设过程中面临的各类风险进一步加大的严峻现实提出的新要求。积极贯彻落实好这一要求并积极推进韧性城市建设，是灾害防御风险管理的重要一步，是构建更加安全的城市的必然要求，是当前亟需探讨的重要课题，这对推动新型城镇化和以人民为中心的高质量发展有着重要的意义。

韧性理念为社区防疫建设提供了新视角。韧性理念融入我国城市社区防疫实践性环节对于推进我国城市安全健康、可持续发展具有重要意义。"韧性"理念明确了系统应对外界干扰时调动自身主动性以消解和吸收外界不利影响的能力，充分反映了疫情常态化环境下城市防疫建设的重要发展路径。

"韧性"概念的基本内涵是：在灾害风险前，一个系统能够有效地抵抗、吸收和适应，从而维持原有基本的结构和功能，并能够从灾中恢复。近几年，许多国际机构和组织纷纷提出在城市灾害防治中引入韧性理念，"韧性"理念已成为城市防灾减灾领域的新焦点。以往的"灾"，主要指自然灾害，如地震、海啸、洪涝、台风等对人类及其赖以生存环境造成破坏性影响的事物。然而，流行病不仅危及公共安全与健康，还对居民日常生活和城市经济发展造成严重影响，若范围更大、持续更久则产生更深远的影响。因此，需要更加注重防疫型的韧性社区建设。

前事不忘后事之师。后疫情时期，各城市建设者要深刻反思疫情暴露出的问题。"韧性"理念下的城市社区防疫应着眼于城市社区存在的问题，本着充分发挥社区自身能动性原则，从社区设施空间、社区防疫管理、居民意识教育、外部支撑力量等多维度，全面提升社区韧性，进而从社区自身角度增强其抵抗疫情不利影响的能力。"韧性"的概念强调了在应对外界环境的冲击时，通过系统自身去应对和吸收外来干扰因素的能力，是目前常态化疫情形势下城市社区防疫建设的主要趋势。

韧性社区作为一种新的城市规划理念和城市治理理论，已经在灾害管理领域被广泛应用，在社区防疫领域的实践应用值得被深入探讨，以降低疫情对社区的冲击，提高社区的防疫韧性。在实践意义方面主要有以下两点：

（1）通过构建城市社区防疫韧性评价指标体系，可以指导现实中的社区防疫韧性建设，对于推动韧性社区在社区防疫领域的发展和应用，具有极大的现实意义；

（2）针对该课题的研究，采用的空间和非空间及空间均衡性方法，可识别社区韧性缺失指标及具体位置，可精准性、针对性地提出规划策略，有利于我国社区有的放矢地进行决策并合理利用城市资源，亦为其他地区韧性社区规划研究提供参考。

6.2 国内外研究进展

6.2.1 韧性研究进展

"韧性"源于拉丁语"resilio"，最早应用于机械学和物理学等工程技术领域，称之为"工程韧性"，描述了物体在外力扰动下恢复到原始状态的能力。随后，研究范式经过两次转变。1973年，加拿大生态学家霍林（Holling）应用于生态学领域，相较于工程韧性范式下恢复原状的能力的单一稳定状态，含义还包括系统应对外界扰动的抵抗与恢复能力，更强调系统的多重稳定状态，即"生态韧性"。"韧性"吸收社会学、管理学、经济学等多学科内容，韧性研究也从自然科学领域引入了社会科学领域，扩展为人类—环境耦合系统的分析，形成"演进韧性"范式，强调系统的复杂性、学习能力与创新性。20世纪90年代应用于城市规划研究领域，致力于应对城市灾害的物理环境和基础设施建设研究。进入21世纪后，韧性城市概念被拓展至突发性公共卫生安全事件、恐怖袭击、重大安全事故等多个与城市安全相关的非自然灾害领域，出现了韧性社区、韧性社会、韧性群体和韧性文化等新概念，韧性理念的发展过程如图6-1所示。

总体说来，三种范式在平衡态理解、关注焦点、韧性量度及看待干扰的方式上存在差异：前两种范式把干扰视为不利的影响因素，强调控制假设稳定状态下的系统变化；而演进韧性俨然将扰动看作创造新事物和创新发展的机会，更加注重转向管理系统应对、适应和塑造变化的能力。

在研究内容上，现有文献主要关注韧性本身的内涵和外延，包括韧性的概念、核心机制及其他相关概念的辨析（如适应性和可变换性、可持续性及脆弱性）。自20世纪90年代韧性理论引入城市规划领域后，韧性城市的特征标准、城市韧性模式、评估体系、构建方法、内容框架就成为研究热点，虽然系统复杂性和学科交叉性也决定了其概念内涵无法在短期内达成统一，但这也并不影响韧性城市作为现代城市为应对风险和威胁等系统外界不确定性提供新视角和有效模式，并为韧性城市成为应对系统外界不确定性因素的范式研究奠定基础。

综上所述，韧性的概念随着研究对象和领域的变化而不尽相同，各阶段的关注重点及核心内涵也并不一致。韧性（resilience）概念从最初定义为系统应对变化或干扰时的能力，实现了从工程韧性（engineering resilience）、生态韧性（ecological resilience），再到演进韧性（evolutionary resilience）范式的转变。初期的工程韧性主要集中在系统抗外界扰动的稳定性上，而中期的生态韧性强调了系统的抗干扰能力和恢复力，而到了后期，则强调系统自身的组织、学习和适应性。

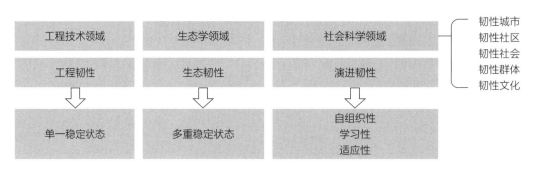

图6-1　韧性的三种范式

6.2.2　韧性城市研究进展

城市是我们实现美好生活的物质空间载体，也是城市中自然灾害和社会风险高度集中的地区。人类社会的快速城市化使人口和资源在城市地区高度集聚，这种密集型的空间组织形式使城市系统面临空前复杂的各种不利因素，其特点是不确定性、无序性和混沌性，包括来自外界和自身的各种威胁和干扰，如外界的地震、洪水、暴雨、飓风等突发性自然灾害，以及城市自身面临的气候变化、资源枯竭、生物多样性减少等因素造成的持续型冲击，严重影响城市可持续发展。鉴于此，"韧性"作为城市系统的研究热点及城市建设的重要目标，促进了世界范围的城市可持续发展与建设。

6.2.2.1　国外研究进展

1990年，"韧性"首次被引入城市规划领域，并最先应用于城市灾害研究中；此前，虽然城市灾害使人们意识到自然和人类社会以及建筑环境之间的关联性并提出可持续发展的理念应对城市建设，但可持续发展理念含义中的"精明增长"和"新城市主义"过多地注重稳定性和安全防御性及可持续稳定的自然和社会环境，与外部突发性灾害的难以预测性存在冲突。而城市韧性提供了一种新的视角和理论知识体来破解这一矛盾。

2002年，呼吁区域的可持续发展国际理事会（ICLEI）在联合国可持续发展全球峰会上首次提出"韧性"的概念；2005年韧性城市联盟针对城市抵御灾害的能力提出了韧性城市一词，拉开了城市韧性研究的序幕。2010年，UNISDR及其合作组织发起了"让城市抗灾——我的城市准备好了"（Making cities resilient: "my city is getting ready"）的国际行动，并出台了《如何使城市更具韧性——地方政府领导人手册》（How to make cities more resilient: a handbook for local government leaders）；2013年，洛克菲洛基金会开展"全球100韧性城市"的研究：2016年，第三届联合国住房与可持续城市发展大会（人居Ⅲ）将积极倡导"城市的生态与韧性"作为新城市议程的核心内容之一。联合国减灾署将韧性城市定义为"面对冲击和压力，能够做好准备、恢复和适应的城市"。作为一个新兴的科研热门词汇，韧性城市近年以来日益成为城市领域研讨的焦点话题。

从研究对象而言，韧性城市模式分为城市特定韧性和城市一般韧性。前者又称为"特定韧性"（specified resilience），致力于解决非结构性的短暂突发性城市问题，包含城市系统应对特定威胁（洪涝灾害、气候变化等）的恢复力，包括城市生态系统韧性、城市抵御灾害韧性及城市资源和社会危机韧性；后者面对不确定性变化和干扰时维持自身结构和功能的稳定性，即"一般韧性"（general resilience），适用于旨在系统长远性发展的城市管治，用于整合工具韧性、城市适应性管理韧性及面向不确定性变化的韧性。

诸多学者指出，抵御已知风险的特定韧性与保持系统的一般韧性应综合考虑，以系统的灵活性、多样性应对意外威胁和冲击。日本在城市防灾减灾领域一直处于领先地位，目前已建立起一套以灾害风险评价为基础的韧性城市建设体系，对降低城市灾害造成的生命和财产损失具有积极作用。英国发展研究部的相关城市韧性研究项目将韧性"吸收—适应—转化"三维框架应用于规划实践。

在韧性城市的实践方面，其概念的模糊性决定了城市韧性的定量研究和实际应用会比较困难，亟需跨专业、多学科的研究与交流来有效解决这一问题，并推进分类研究和地域性的标准体系以更好地开展不同类别和地方性韧性的实践研究。

6.2.2.2　国内研究进展

自1996年以来，我国韧性城市的相关文献数量总体呈上升而发文年份不连续的特点，以2011年为界线，随后的研究成果数量增长率明显提升，到2020年时到达峰值。研究主要集中在公共管理、风景园林、城市规划、城市更新领域，虽然来自不同领域的学者们见解不同，但总的来说，韧性城市的目标集中体现在提升城市危机预警能力、灾后重建与恢复力及提供创新发展动力等方面。相关研究从纵向来看，研究热点的演化阶段分为概念引入阶段、实践应用阶段、质与量纵深发展阶段。从横向来看，重点涉及范围可归纳分为基于防灾减灾的韧性城市、基于突发事件的城市韧性探讨以及城市韧性评估与加强几个方面。

1. 基于防灾减灾的韧性城市研究

国内在遭受汶川、玉树地震、南方洪涝台风和西南地质滑坡等大自然灾害后，城市防灾减灾方面的韧性城市研究进入国内研究者视线，如戴维等从城市减灾的立场提出以建设韧性城市来免受城市灾害等。在防灾减灾与城市韧性规划方面，学者们的研究成果颇为集中，集中在韧性城市相关的基本概念、与其他相关概念的辨析（如可持续发展）、城市韧性空间规划、城市韧性的测度方法、城市韧性评估模型及应用、国内外相关重要实践、提升韧性策略研究等。其中，城市韧性空间规划包括城市空间安全韧性规划、城市防灾空间、地下空间总体规划、灾害避难所规划、蓝绿空间融合、城市生态系统韧性、国土空间规划体系、城市韧性空间设计等议题，也有学者将韧性城市规划理念融入国土空间规划体系的思考。除此之外，吴志强等提出了应对灾难冲击的"城市家园"的基本单元，其城市韧性空间遵循"空间换时间，设施换生命"的核心设计逻辑，并具有技术前提、细部关键、基本原则、空间类型、时空统筹的五大设计要点；李云燕等类比传统中医哲学"治未病"的四个阶段对城市空间安全韧性进行再认识，阐明了灾害演变过程的四个阶段：未灾先防、欲灾先治、既灾防变、灾后恢复。以上基于防灾减灾的韧性城市研究整理可见表6-1。

基于防灾减灾的韧性城市研究　　　　　　　　　　　　　　　表6-1

研究方向	具体内容
韧性城市相关的基本概念	概念、组成、特征、内容框架、评价体系
与其他相关概念的辨析	可持续发展
韧性城市演化机理研究	基于复杂适应性系统的韧性城市演化机理，基于演化经济地理学的韧性城市演化机理
韧性城市规划方法研究	关注物理基础设施的提升，营造可持续的城市形态
城市韧性评价研究	韧性城市指标体系，基于复杂网络理论的城市系统韧性评价
城市韧性空间规划	城市空间安全韧性规划、城市防灾空间、地下空间总体规划、灾害避难所规划、蓝绿空间融合、城市生态系统韧性、国土空间规划体系、城市韧性空间设计
城市韧性的测度方法	基于过程的评估路径
城市韧性评价及应用	城市适灾韧性体系、海绵城市与气候适应型城市评价、城市灾后恢复过程、城市生态系统韧性、城市街道网络的韧性测度、城市供水网络韧性、城市人防规划体系研究
提升韧性策略研究	抗震防灾视角、疫情与灾害叠加下的城市韧性健康开放空间规划、城市灾害治理

2. 基于突发事件的城市韧性探讨

由于近期受到了疫情的影响，国内学者对于突发公共卫生事件与公共应急的韧性探讨骤增。在突发事件的城市韧性思考方面，探讨主要集中在城市韧性空间设计、防疫韧性体系研究、提升策略研究等方面。城市韧性空间设计研究方面黎思宏等提出城市韧性空间方舱医院改造设计研究；吴志强提出应对城市高聚集场所空间类型进行划分并针对性地提出预案，城市内也应形成"城市家园"防疫空间单元以阻断病毒在城市内部的大面积传播。在韧性体系方面，韩林飞从区域的角度根据确诊病例的分布集中于城市群的特点提出了城市群协同防灾规划体系。在策略研究方面，彭翀进行了城市群协同防疫规划研究，从"区域—城市—社区"多层级联动和跨空间层级纵向联动角度提出城市韧性提升策略；王世福从空间单维度提出城市公共空间韧性应对突发公共卫生事件的策略；杨筱多维度地从空间韧性、规划韧性、技术韧性、经济韧性、治理韧性五个层面构建防疫韧性城市策略。

3. 城市韧性的评估与提升

在城市韧性的评估与改善方面，国内研究者的研究对象较为分散，主要集中在城市恢复能力评价、单灾种和多灾种的城市适灾韧性评价、平疫空间转换适宜性评价、公共卫生系统韧性评价、城市安全韧性评价、产业系统风险评估、城市供水网络韧性评估等。缪惠全等提出了基于灾后恢复过程解析的城市韧性评价体系；李晓娟等构建了灾害情况下的恢复能力评价指标体系并建立评价模型。一般来说，评价的目的是发现问题，进而提出相应的策略以提升该方面的城市韧性问题。

目前，韧性城市研究范畴已经拓展到自然灾害、事故灾害、公共卫生和城市安全四大领域（表6-2），研究趋势主要呈现三大特点：灾害应对方式从被动式应急响应转变为主动式的规划调控，规划方式从蓝图式的静态规划转变为适应性的弹性规划，研究对象从单一灾害聚焦为多灾耦合，以综合提升城市韧性。

韧性城市研究领域及对象

表6-2

韧性城市研究领域	研究对象
自然灾害	地震、暴雨、泥石流、海啸、台风、气候变化、雾霾
事故灾害	恐怖袭击、技术灾害、经济
公共卫生	SARS、新冠肺炎疫情
城市安全	重大安全事故
社会韧性	非正式人居
文化韧性	城市自然与文化遗产保护

6.2.2.3 综合评述

综上所述，梳理我国韧性城市研究的发展历程，可根据不同时间段特点归纳为三个阶段，分别为韧性概念引入阶段、理论实践应用阶段和量与质深入发展阶段。这三个阶段的文献研究在横向上不断扩展研究领域，纵向上不断挖掘研究深度，并随着时间的推移数量不断增长、质量不断提升。

我国引进韧性城市的研究比较晚，还处在发展的初期，但与韧性城市相关的期刊文献呈不连续的且持续增长的态势。在城市韧性的基础理论研究方面主要处于追踪、借鉴阶段，在韧性评估方面也有一定的实证性成果。研究热点主要分布在城市规划与防灾减灾领域，城市水系统韧性和地震灾后重建是两大研究热点，对其他灾害的研究成果较少；近年来因疫情的影响，对于突发公共卫生事件的城市韧性进行思考的文献骤增；而关于韧性城市理论的基本架构、评价方法和实践应用缺少疫情方面的成果；虽然近年来有了很大的改善，但国内的研究相对滞后，与国外相比研究深度差距明显，基本处于概念及综述研讨阶段，从全局来看，在中观和微观层面韧性城市研究依旧不足。

6.2.3 韧性社区研究进展

韧性的概念后来被引入到社区领域。社区是城市的基本单元，一些不确定性问题也多发生在社区。社区的最基本特征是居民具有归属感和认同感，信息共享，相互扶助。社区韧性并非能使社区免受灾害，其主要功能是灾前预测破坏程度，灾时有较强的适应性，灾后可作出有效恢复，使社区仍能发挥正常功能。这些功能不仅能降低社区的脆弱性，还提升了灾后社区恢复的效率。

6.2.3.1　国外研究进展

最初的韧性社区与"韧性城市"一脉相承，首先是在城市灾害防治领域中的应用。1999年世界减灾大会的管理论坛首次提及社区是减灾的基本单元；2001年的国际减灾日，联合国提出了"发展以社区为核心的减灾战略"口号。2003年，美国城市规划学者戈德沙尔克首次提出韧性城市涵盖物质和社会两个维度，而物质系统的规划通过人类社区的建设起作用。后来于2005年和2015年的世界减灾大会提出的兵库行动框架分别强调了建立韧性社区的必要性和建设灾害层面的韧性城市和韧性社区。近年来，社区韧性作为业界讨论的热点话题，为国际前沿会议——韧性城市大会所持续关注，国外众多组织和研究者对其进行了大量的实践和理论研究，使得它在社区防灾减灾中占据主导地位。例如，美国制定的《国家灾难恢复框架》、日本的《社区韧性筹备地图：地震》以及国际红十字会提出的《社区韧性框架》等。

除了对韧性概念及韧性指标的探索，还有很多研究的重点是社区韧性模型。模型强调在灾害发生之前首先要培养社区的韧性能力，但大部分系统模型都停留在理论层面，没有进一步探讨社区韧性能力构建的具体措施。除此之外，大部分防灾韧性研究都集中在工程防灾领域的各类防灾设施，对社区防疫韧性考虑不足。

6.2.3.2　国内研究进展

随着国内学者对韧性城市的研究逐渐深入，各个领域的学者都将韧性理论运用到案例研究中，并结合本学科领域的研究内容及其特点，主要应用于生态景观营造、社区规划设计、城市基本服务设施（如社区医疗服务设施）等热点话题，研究内容上包括指标体系和评估模型、提升策略、实证研究、国内外韧性社区实践等，为我国未来韧性社区实践研究奠定了基础。随着韧性理论的发展，韧性理论在具体实践中的应用日益广泛，其应用范围也日益扩大，国内学者不仅关注韧性理论在城市社区中的应用，同样关注在乡村社区、高校社区的应用。

在景观营造方面，汪洋提出了基于"多层面—多区域—多尺度—多场景"动态非平衡理念的面向未来社区的韧性绿道景观营造模式，李帅提出了社区公园的景观设计营造策略。在社区规划设计方面，申佳可针对城市文化割裂、社区空间设施脆弱、社区教育缺失与社区人口老龄化问题提出的韧性城市社区规划设计三个维度——环境支撑、空间可变、以人为本以提升城市社区适应性，也有平疫结合的城市韧性社区规划。其中，老旧小区改造是社区规划设计的热点领域，聚焦于社区空间韧性特征及更新策略，社区物理环境的优化，防灾视角下的老旧社区韧性影响因素，基于韧性能力、过程和目标三维度的老城区社区韧性规划方法。在指标体系和评估模型方面，主要是面向暴雨内涝、地震等自然灾害和突发公共卫生事件的非自然灾害。针对城市社区防灾减灾规划、老旧社区更新、社区防疫、雄安新区的韧性规划诸多学者献计献策，何欣蔚基于增强社区认同、增强邻里关系、提高社区韧性、完善社区服务、美化物质环境从多目标协同角度提出城市老旧社区更新策略研究；周霞基于复杂适应系统理论的研究提出了雄安新区的社区韧性建设策略。在实证研究方面，有突发公共卫生事件下城市社区韧性测度及其影响因素的研究、对老旧社区空间改造和基于人本尺度的社区韧性评价实证研究。

　　自2019年年底以来，规划学者对流行病与韧性社区之间关联的思考逐渐增多，防疫背景下的韧性社区研究成为学术界的热点。陈浩然针对突发公共卫生事件对社区韧性评估体系进行构建。有学者借鉴CASBEE工具及模块化设计提升社区的防疫韧性：蔡钢伟辩证借鉴日本有世界影响力的城市环境健康、可持续性能评价工具CASBEE"未来价值"为中国疫情后社区环境应对提出策略；孙立在防疫背景下应用模块化设计策略提升社区系统的管理能力并控制病毒的传播。关于提升社区韧性的硬实力和软实力学者们也各抒己见：王世福提出强化应急治理能力以营造韧性社区，从设施空间硬件保障、治理服务资源匹配和治理能力体系建构三个方面提高社区韧性；张勤提出政府、平台衔接、社区、居民多方"共建共治共享"实践路径来提升社区韧性软实力；蒋鎏则兼顾物质空间和社会空间以构建防疫常态化的韧性社区营造体系，物质空间层面通过优化医疗设施、增加冗余空间、关注易感人群的空间分布，社会空间层面通过预先建立应急方案、定时举办防疫宣传、多方动态协作管理综合提升社区韧性。中国疾控中心专家表示，新型冠状病毒在很长一段时间内都会与人类社会共存，为应对疫情常态化的形势，有学者提出了兼有满足人们日常健康生活的需求及应对突发公共卫生事件能力的平疫结合韧性社区的建设策略。

6.2.3.3　综合评述

　　从研究内容来看，现有的社区韧性评估多是以居民的日常生活状况为基础，缺乏考虑到突发事件的韧性评估；从研究对象看，目前的社区韧性评价多是以社区内部因素为主，而忽视了大范围的社区外部环境对社区韧性的影响；从研究范围看，当前社区韧性评价多为以个别居住区为例的实证研究，少有针对城市主城区内所有居住区的研究；从评价内容看，多为指标体系的建立，少有应用指标体系对某城市居住区的韧性的空间及非空间的分布进行可视化表达。

　　因此，本书基于以上考虑，兼顾日常生活和疫情突发的需求，对韧性相关理论、社区防疫体系进行研究，建立社区韧性评价体系，并以邯郸市主城区为例，对社区进行韧性评价，探究其社区韧性的空间及非空间分布规律，并针对其脆弱性进行分析且提出韧性提升策略。

第7章
社区韧性理论与实践

　　本章对韧性社区相关的理论进行了系统的梳理。首先，对比了传统灾害风险管理理论与韧性设计理论的不同，指出了韧性理论相比最大的优势是更灵活、自调节能力、自我适应能力和自我学习能力，可更好地应对城市的风险与不确定性，并研究了韧性城市和韧性社区的基本特征。接着，整理了韧性社区的缘起、内涵、评价方法的相关理论，并从韧性社区的国外实践和国内实践两方面，介绍了韧性社区的实践应用现状。为后文研究奠定了理论及可行性基础。

7.1　研究概念界定

7.1.1　社区

　　社区在不同的学科视角含义不同。在社会学领域，社区指具有某些共同特征（社会规范、信仰、价值观、身份等）的人群，在一定的地域，互动影响，聚集形成的社会单位。社区的概念包含互动性、共同性、地域性三个特性。在城市研究与城市规划中社区作为空间单元。社区不仅指的是空间性的社会组织，且是结合于此的心理凝聚力及共同情感。作为公共管理单元的"社区"，通过网格化管理实现自上而下的管理。

7.1.2　城市社区

　　本书所研究的城市社区是指特定城市区域内的区域性社会组织。城市共同体是社会组织的基础，它既是"空间"的又是"社会"的。本书所探讨的城镇社区，是按照民政部《关于推进我国城市社区建设的意见》的规定，在中国社区体制改革后进行了规模调整并在社区居委会管辖范围下的居住区域。

7.1.3　社区韧性

　　本书探讨的社区韧性主要指的是"居住社区"的韧性，与网络爬取的居住小区类POI数据相对应，下文研究时简化为社区韧性。

7.2 传统灾害风险管理理论与韧性设计理论

7.2.1 传统灾害风险管理理论与韧性设计理论

传统的灾害风险理论，重点聚焦极端事件，针对灾害应对。在研究方法上习惯于用历史的大数据预测将来。一些灾害的风险随着时间的推移呈非线性变化。在进行工程设计时，针对单体建筑和区域风险理论在设计之初首先确定风险标准水平，据此需要采取相应的技术措施将风险降低。但随时间的变迁，风险逐渐增加。在某个时间点时，风险将会超过临界值，它通常是指建筑物的设计寿命。

韧性的城市设计理论主张风险不只包括不频发的重大冲击，更事关日常压力。能够兼顾管理已知和未知，常态和非常态，是降低风险和应对未知的新方法。韧性设计需要在生命周期中多次干预和控制，以降低风险，并使其始终低于设定的可接受风险值。随着城市的日益复杂化、数字化和网络化，人们的风险承受力在降低，即城市的脆弱性不断增加。因此，城市需更加灵活，有能力自我调节、自我适应和自我学习，以便快速应对风险和不确定性。

7.2.2 韧性城市和韧性社区基本特征

韧性理论在社会生态学领域包含韧性城市和韧性社区两个层面的内容。

在"韧性城市"概念出现之前，学者们就已经对其应具备的特性进行了阐述。比较典型的是威尔德夫斯基（Wildavsky）提出的弹性体系六大基本特性。艾伦（Allan）和布赖恩特（Bryant）认为韧性城市必须具备七个主要特征，即多样性、变化适应性、模块性、创新性、迅捷的反馈能力、社会资本的储备以及生态系统的服务能力。以上研究者强调的韧性城市的特性可总结为：第一，城市体系的多样性，体现在城市系统自身的多样性以及受到冲击过程的选择多样性，社会生态多样化以及城市构成要素间多尺度联系的多样性等；第二，城市组织的高度适应性和灵活性，体现在物质环境的构建及社会机能组织上；第三，城市系统要有足够的储备能力，主要体现在对城市某些重要功能和备用设施的建设上。

对现有韧性社区的基本特征的研究相对较少，社区被视为韧性系统的一部分，其特征相对更简洁：戈德沙尔克（Godschalk）认为韧性城市应该是可持续物质系统和人类社区的结合体，通过人类社区的建设可实现物质系统的规划。相关学者认为，具有韧性的社区拥有三大特征。其特征之一为"稳定性"，即社区能够减轻灾害的不利影响，避免改变其自身结构及功能；其特征之二为具有"可恢复性"，即社区能以一定的速度从灾难的不利影响中恢复到正常水平；其特征之三为具有"向前跃进性"，即社区能够有效应对灾害，并最终达到比初始状态更好的新状态。

7.3 韧性社区相关理论

7.3.1 韧性社区与社区韧性

韧性社区与社区韧性两者有所侧重，韧性社区更多地以社区为研究对象，从微观层面研究社区；而社区韧性聚焦于多尺度角度，从城区、片区和街区多尺度对社区的韧性进行了思考。

7.3.2 韧性社区缘起

四十多年以来，全球各类灾难事件发生的频率和强度不断增加，而韧性社区这一概念在学术理论与具体实践中的地位日益重要。社区作为城市空间和社会组织的基本单元，其韧性能力大小将直接影响到整个城市的脆弱性，进而影响到整个城市的总体安全。

7.3.3 社区韧性的内涵

根据韧性主体的空间尺度差异，形成了家庭个体层面、地方社区层面、城市层面、区域层面、国家层面以及全球层面的不同格局韧性。社区韧性是韧性在城市内部空间的典型应用，涉及个体和地方社区两个层面，主要从能力、过程和目标三方面集中体现。

1. 韧性作为能力集合

韧性是一系列能力的集合，包括稳定能力、恢复能力两项被动能力以及主动应对的适应能力。这些能力在灾害发展的前、中、后三个阶段贯穿始终，具体分为防减灾（prevention/mitigation）、准备（preparedness）、响应（response）、恢复和重建（recovery/reconstruction）。适应能力不仅包含使灾害发生时系统内部资源可调动的能力，更包括资源的稳健性、冗余性、迅速调动性，具体来说即为灾害发生时的经济发展、社会可调动资本、信息和通信及社区竞争力等能力的集合。

2. 韧性作为成长过程

社区系统遭受干扰后，会产生三种不同结果，许多学者认为，社区体系在受到干扰后，无法恢复到原始状态或达到稳定状态，反而会成为一种能够适应各种环境的发展体系。从一定意义上说，灾难是一个系统发展的机会。社区具有的学习能力、自组织能力、灵活性等韧性特征使其具有主观能动性，并在防减灾、准备、应对、恢复和重建各个阶段发挥积极作用。一定程度上灾害成了系统发展的机会。再进一步，可以将韧性看成是一个整体的过程，即系统提高了适应性，并最终适应了灾难。这一方面是指适应特定的灾难的特定进程，另一方面是通过管理、意识和教育、社会发展、自然环境、建成环境和经济发展来提高社区对今后灾难的适应能力，并着重于从过程中获得韧性能力。从本质上说，两者是对同一目标的分阶段解读。

3. 韧性作为发展目标

无论是把韧性看作能力的集合还是成长的过程，韧性作为社区的防减灾策略，其最终目的都是应对社区的灾害。因此，韧性可以度量社区是否获得韧性能力以及是否经历韧性的过程。

7.3.4　社区韧性的评价方法

社区韧性评价主要包括定量和定性两种方法。

定性评估又称描述性评估，常与定量评价相结合，评价一个社区的特性或能力，通常通过高、中、低描述其韧性能力高低。评估方式上，根据评价主体的不同分为自上而下和自下而上两种：自上而下即社区以外的学术团体或组织对社区进行评估；自下而上即社区内部自我评价。

定量评价是评价韧性的重要手段，它是将评价指标进行赋值，再用数理叠加，最后以数值形式表达韧性。定量评估中，评估单元主要是社区和县（County）；数据来源上，主要为国家或区域现有二级数据；此外，有些评价系统可自行收集数据，如韧性指数（RI）、联合社区韧性评估（CCRAM）；有的使用研究机构社区层面数据，如人口—生态—政府服务—基础设施—社区竞争力—经济—社会韧性框架（PEOPLES）；一些使用谷歌地球提供的相关信息，如韧性矩阵框架（RM）。

7.4　韧性社区实践

随着城市社区各类灾害越来越频繁，推进社区防灾减灾能力的建设早已成为国际共识。因此，目前的韧性社区实践主要集中在社区防灾减灾领域。

在国际上现有社区应对模式有"安全社区"模式、"防灾型社区"模式、"以社区为基础的灾害风险管理"模式。安全社区由世界卫生组织推出，强调人人享有健康与安全的权益，并呼吁各社区制订安全保障计划，特别是针对高危环境及高暴露人群；防灾型社区是美国在"911"事件之后设立的社区安全项目，以加强社区的防灾能力；日本和东南亚国家建立的以社区为基础的灾害风险管理更重视社区参与型的灾害前置风险评估处理。

　　当前的韧性社区实践类型分为两类：社会合作型实践和工程技术型实践。以"预防"而非"救助"为导向是"社会合作型"实践的突出特点。工程技术型实践的主要特征是围绕灾害应对技术改造、优化、提升既有社区物质建设，从而形成以技术措施为依托的新型韧性社区。

　　本节旨在深入分析和归纳国内外关于韧性社区实践的典型案例，以为后文分析邯郸市主城区社区韧性建设现状并提出相应策略提供依据。

7.4.1　韧性社区的国外实践

　　国外韧性城市及韧性社区的建设起步较早，受到较高程度的重视。2002年，联合国举行的可持续发展峰会强调，城市具有抗灾韧性是当前城市实现可持续发展的必由之路。此后，全球各大城市纷纷出台了应对灾难的韧性策略。社区作为城市的基础单元，其韧性体系和能力建设的重要性不言而喻，"建设包容、安全、有抵御灾害能力和可持续的城市和人类住区"也成为联合国可持续发展目标（SDGs: Sustainable Development Goals）的17大目标之一。

　　新奥尔良市凡尔赛韧性社区实践接受了自然与人为灾害的考验，其凭借高效的自我组织能力，经历两次打击仍然持续向前发展。卡特丽娜飓风在2005年席卷美国，造成了多地物质空间和社会秩序的严重破坏。新奥尔良市凡尔赛社区却在这种情况下成为灾后恢复最快、最好的社区之一，这主要归因于高效的自我组织能力，实现了社区内的居民互助：社区内组织的宗教活动，激发了居民的社区归属感与集体意识；在社区核心人员的带领下，居民们发挥所长，自发组织完善了社区基础设施并恢复医疗服务功能；组建的社区中介组织——"玛丽女王越南社区重建组织"，长期帮助居民重建家园并培训居民新的谋生技能，该组织在墨西哥湾原油泄漏事故后使失业渔民再就业。应对自然与人为灾害面前，凡尔赛社区凭借其社区韧性，使社区能够快速恢复功能并持续发展。

　　六甲道车站北地区是"阪神大地震"灾后的一个重建单元。在地震之前，这一地区人口老龄化程度很高，没有足够可利用的避难所。其从以下四方面重建社区韧性：采取重建策略，通过实行"土地区划"政策，开辟防灾公共空间，提升环境韧性，不仅为吸引人群入住奠定了基础，还为硬件抗灾和灾后恢复能力的规划提供物质空间载体；通过建立多元参与机制，促进"官学民"三方合作提升制度韧性，保障了灾后重建工作的顺利进行，促进了社区组织的发展，提高了社区的自我管理和主动营造能力，培养了统筹社区发展的人才；注重灾害管理教育，提升民众个体韧性以切实增强自救意识、提高自救能力并大力发展社区自组织以增强社区居民间的凝聚力；引入社会住宅，组织社区居民参与社区建设提升社会韧性，提高居民的参与度和对社区的归属感，并引入年轻人来优化人口年龄结构。

尽管这些规划所针对的问题及其行动方案都不尽相同，但明显的共同点在于，它们强调加强社区对未来灾害风险的综合防护力和适应力，从而达到安全、有韧性的社区发展目标。在韧性城市和韧性社区实践方面，国外已经有了长足的进步，其先进的理念及实践措施均是我国可借鉴的。同时，由于中国社区空间、居民行为、社区管理与国外存在较大差距，所以应建立适合中国国情的韧性社区模式。

7.4.2 韧性社区的国内实践

韧性理念在我国虽处于初步阶段，但基于韧性理念已进行了一些有益探索，用以指导城乡规划实践。基于韧性城市理论目前已有海绵城市、"全球韧性百城"、气候适应型城市等方面的实践。北京和上海先后将韧性纳入城市总体规划之中，雄安新区也发布了《按照"韧性城市"标准打造雄安新区》的报道，从国家政策层面提出加强城市防灾减灾能力以逐步提高城市韧性。相对于韧性城市的起步阶段，我国的韧性社区建设还未引起充分关注，对其开展的实际工作和研究也多集中在社区防灾这一领域。

我国的香港特区率先开展了安全社区的韧性建设。在香港职业安全与健康管理署的行动计划推动下，香港屯门及葵青两个社区于2003年获世界卫生组织安全社区荣誉，为我国社会安全领域实践的首次尝试。

近年来，我国内地在社区防灾减灾领域也有了一定的实践成果。2004年5月，山东省济南市青园街道办事处成为中国大陆第一个被世界卫生组织社会安全促进合作中心批准的安全社区项目。2008年我国开始开展"全国综合减灾示范社区"项目，并从多方面建立评价指标以评估社区减灾韧性。2011年国务院发布的国家综合减灾"十二五"规划从政策层面提出要按照全国综合减灾示范社区标准，创建5000个全国综合减灾示范社区。至2015年，建成1390个全国综合减灾示范社区。针对自然灾害及传染病等突发事件，2021年11月11日，北京印发《关于加快推进韧性城市建设的指导意见》，目标是至2025年建成50个韧性社区、韧性街区或韧性项目，并在全国范围内形成可推广、可复制的韧性实践经验。

目前，中国的韧性社区和实践与国外相比有较大差距，主要应用于综合减灾领域的灾害前置风险评估处理阶段并将韧性要求纳入城市规划建设中。主要实践类型为政府指导与公众参与相结合模式。

综上所述，国内外的韧性社区实践主要集中于城市防灾减灾领域，体现了社区主体性、机制联动性和前置性风险评估的重要性，且政府是主要影响因素。实际上，国外的实践更加深入，已形成成功的韧性社区案例，通过一系列提升策略实现了社区的韧性、可持续发展，而我国大多为在国家政策层面和前置风险评估处理阶段，未形成典型的韧性社区实践。

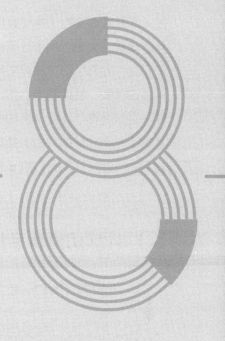

第 8 章
社区韧性评价指标体系构建

本章主要介绍了构建社区韧性评价指标的必要性及社区韧性评价指标的构建。首先从防疫背景研究、城市社区疫情的特点和社区防疫韧性现状问题对社区的防疫体系进行了研究，并总结出了社区防疫"硬实力"和"软实力"两个层面的内容和社区防疫韧性的表现特征，在此基础上指出了社区防疫韧性评价的必要性。接着从设施韧性、空间韧性、自然韧性、社会韧性四个维度构建防疫视角下的社区韧性指标体系，并对其建立的基础、原则和依据、指标描述及计算方法进行说明。最后，对所计算指标数据的处理方式和韧性评价体系指标权重的确定进行补充说明。

8.1　社区防疫体系构建的出发点及必要性

8.1.1　防疫背景研究

社区是城市的基本构成单元，守住社区这道防线，才能切断疫情在社区内的扩散蔓延，为保障居民的身体健康与生命安全充当抗疫堡垒。实行的网格化管理和动态化管理机制，形成若干网格的封闭式管理，将不同网格划分为防控区、管控区、封控区，使疫情防控实现精细化、及时性、数字化、社会化，有效地控制了疫情的传播。此外，在防控、管控、封控的过程中，由于交通的限制，人们对于各类公共服务设施，尤其是日常基础性生活保障的公共服务设施、医疗服务类设施的需求骤增，供不应求，基于生活圈的社区服务体系亟待完善。

8.1.2　城市社区疫情特点

（1）突发性。社区是城市空间配置和疫情防控的基础单元，防控的关键在于社区。为减少疫情在社区间的传播，采用社区封闭管理，这对社区的资源配置和组织管理能力提出了更高的要求。

（2）持久性。疫情对社区的影响是持久的。面对疫情常态化，社区也将面临持久的考验。

（3）聚集性。由于现代社区规划的人口聚集、建筑高密度、注重公共空间的特点，会增加疫情在社区传播的风险，再加上以家庭为纽带的居住模式，容易出现疫情的聚集性爆发。

（4）影响范围大。由于社区是人们生产生活的共同体，在社区及就近的城市空间范围内，若没有充足的物资保障、有序的生产生活和居民的守望相助，社区的封闭式管理会对居民的生活生产方式产生巨大影响。

8.1.3　社区防疫韧性现状问题

传染病灾害有别于洪涝、地震等，可以在人群中长时间传播，且无法察觉，具有很强的特殊性。

1. 空间韧性不足

现行居住区设计规范中，虽然对小区的公共空间面积提出了最低的要求，但是在规划和建造过程中，往往把它置于末端。尤其是高密度的城市居住社区往往缺少足够的活动空间及相联系的通道，社区内流线的无序增加了医务人员与社区居民在社区内活动时交叉感染的危险。另外，原本就稀少的公共空间和道路，也经常被商业或私人所占据，在紧急情况下，也会影响应急隔离场所的可达性、储备空间的可用性及应急通道的通达性。

2. 设施韧性不足

党中央、国务院2016年提出要"打造方便快捷生活圈"后，北京、上海等城市开始进行15min生活圈的规划建设实践。但是，出于效果和利益的平衡考虑，在建设中只注重商业设施而忽略了公共服务设施的建设。

3. 环境韧性不足

社区环境韧性不足主要体现在社区形态结构和生态环境方面。城市由于土地资源的有限性和人口高密度的聚集形成了高密度、高容积率、围合式的社区形态结构。这种社区形态在面对突发流行病时，暴露了固有的通风不良的风险，并放大，为病毒的传播提供了适宜的条件，并严重威胁居民的生命健康。此外，这种形态下的社区绿地率普遍较低，社区的微气候循环不畅，容易使致病体滞留而增加受传染的概率。绿化的品质同样也会对居民的身心健康产生影响。对于老旧社区来说，公共卫生环境差的问题则更为普遍。

4. 资本韧性不足

资本韧性主要与社区居民的年龄、学历、收入和归属感等方面相关，是社区韧性建设的基石，极大地影响着韧性建设的成效。尤其是对于租户众多、归属感不强、老龄化严重及"老破小"的社区，居民参与社区韧性建设的主动意愿不强烈、被动响应不及时，致使一系列防疫预备、宣传普及措施难以高效及时开展，严重影响了社区的疫中适应能力和疫后恢复能力。

8.1.4　社区防疫韧性的两个层面

第一个是在规划设计层面增强"硬实力"，即要发挥社区的公共服务设施的作用，以社区物质环境在总体规划设计中能最大限度地降低灾害风险为目标，营造社区防灾安全、提升福祉的物质环境基础。2018年颁布施行的《城市居住区规划设计标准》GB 50180—2018也反映了这些方面的思考。目前，我国有些城市率先编制了15min社区生活圈规划导则，以落实健康、安全、福祉的理念。

第二个层面是强化组织应对，增强"软实力"，注重救援和应对冲击。应结合防疫防灾的要求，以15min、10min、5min生活圈为标准，在城市启动应急响应状态下，能及时整合现有社区设施资源及空间资源，转换为应急状态下的公共服务设施和空间，形成防灾防疫生活圈系统。

8.1.5　社区防疫韧性的表现特征

城市是个复合体，由物质空间及社会空间共同构成，同时城市这个复合体还包含不同子系统，各系统均有不同的潜在的脆弱性构成因素。在不同的时间节点上，不同的外部条件下，不同城市子系统的功能水平都可以被测定。随着时间的推移，城市系统的功能会发生一些不会对正常生产和生活造成很大的不利影响的渐进式的变化，比如基础设施的消耗和磨损。然而，外界环境在短时间里会对系统形成巨大冲击，如突发公共卫生事件会使城市社区的功能发生变化，造成系统局部或主要功能损伤，甚至会全然溃失。这时，必须适当地调配资源，采用一定的应急手段，让系统恢复到原有的正常运行状态。城市系统功能的这种特点进一步界定了防疫韧性的概念。防疫韧性具有时间上和空间上两个变量，可理解为系统降低疫情不利情况发生概率的能力，减少疫情发生时造成损失的能力和疫情发生后迅速恢复正常功能的能力。更具体而言，一个防疫的韧性社区特性如下：

（1）社区内无疫情时，减少疫情发生的概率；

（2）社区内有疫情时，减少疫情期间的社区传播；

（3）减少疫情对居民日常生活造成的消极影响。

8.1.6　社区防疫韧性评价的必要性

传统意义上的韧性社区将抵御地震、洪水、台风、防火考虑在内，现代的智慧城市社区考虑到社区安保的作用。但对于通过空气传播的病毒，社区缺乏安全防护能力。城市社区的人居环境缺乏最基本的防疫安全，这充分暴露了城市社区环境防疫韧性上的脆弱性；再者，对现阶段社区防疫来说，缺乏防疫规范及相应指标，其规划、设计、建设还没有成熟的理论和整套的技术，我国人居环境的防疫研究也处在起步阶段。

对于社区韧性的评价，旨在确定社区当前的资源和能力，并对未来如何加强和提高社区恢复力作出有针对性的预测和决策。一方面，在横向维度上建立社区恢复力评价指标体系, 可以与其他类型、区域或环境的社区进行比较; 另一方面, 了解社区弹性在生命周期中的变化, 从纵向维度研究个体社区弹性的变化规律和提升策略, 为决策者提供参考, 为更好地配置城市资源提供决策建议。

8.2 评价指标体系构成维度

8.2.1 设施韧性

在应对突发公共事件时, 社区公共服务设施配置可用以应对疫情的冲击, 并维持社区的基本功能, 是社区应对疫情的基础保障。在疫时, 社区公共服务设施的配套设置应重点关注, 尤其是日常保障性的基础设施及医疗服务设施, 应保障社区的供应和服务体系不被疫情击溃。其中, 日常保障性的基础公共服务设施韧性主要包括社区内提供饮食、生活物品的商业设施、物流服务设施及康体设施; 医疗服务设施主要包括社区医疗服务设施的配置情况及与定点救治医院的空间可达情况。

8.2.2 空间韧性

在应对突发公共事件时, 空间韧性可为应对疫情的冲击提供空间物质载体。社区空间韧性主要包括冗余空间韧性、开放空间可达性韧性和建筑空间韧性三个方面。冗余空间韧性着重考虑社区周围空间冗余能力和社区内公共空间的占比; 开放空间韧性关注开放空间可达性韧性; 建筑空间韧性则重点突出社区高层建筑的楼栋占比。

8.2.3 自然韧性

自然韧性主要关注社区内部的生态环境品质、微气候, 社区内部的绿化率是重要因素, 不仅提供居民体力活动的空间, 同时有益于疫情期间的身心健康。

8.2.4 社会韧性

社会韧性指的是社区的人口分布密集情况, 在疫情初发期与流行病的扩散速度密切相关。

8.3 评价指标体系建立的基础

8.3.1 选择明确的评价方法

目前常用的评价方法主要有德尔菲法（Delphi）、层次分析法（Analytic Hierarchy Process，简称AHP）、灰色关联法、模糊聚类分析法等。

在对几种常用的评估方法进行对比分析后，采用德尔菲法和层次分析法进行评估。通过这种方式，不仅可以简化评估程序，而且能够充分发挥两者的优势。定性和定量相结合，能有效地减少主观评价的影响，保证评估的科学性、合理性、准确性。

8.3.2 评价指标体系建立的过程

构建韧性社区评价体系的过程主要分为以下四个步骤（图8-1）：

（1）基础准备。该阶段需要明确本书的评价对象、评价目标，并在此基础上进行资料收集。本研究的评价对象是城市居住社区，以评价其疫情时在保障居民正常生活和减少疫情社区传播方面的韧性为目标。根据已有研究，收集相关数据，初步了解评价对象，了解社区的现状问题及韧性构成要素。

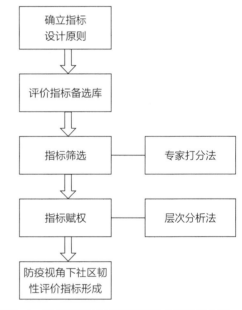

图8-1 防疫视角下社区韧性评价体系构建步骤

（2）指标筛选。在充分准备前期数据结论的基础上，首先列出与社区防疫抗灾能力相关的影响因素，并根据15位专家的意见和建议对这些因素进行筛选，然后明确城市社区韧性评价体系的具体指标，并对韧性评价指标进行定性化和定量化。最后在此基础上，将这些因素建立成层次分析法模型。

（3）权重计算。基于韧性评价系统模型，根据专家判断两两指标间的重要性，计算出评价系统各指标的权重，得到评价系统的最终权重指标。

（4）评价结果分析。根据各韧性指标及综合韧性指标的评价得分以自然间断法定义五个层级，判定各个社区单一指标及综合指标的韧性等级，并通过建立地理信息数据库可视化表达，分析出防疫脆弱性较强的社区，提出城市及社区层面社区韧性的改善发展目标和提升策略。

8.4 评价指标选取的原则和依据

8.4.1 指标选择的原则

（1）针对性。社区韧性的评价因研究视角和对象不同而指标不同。对于防洪、抗震等不同角度，或不同的研究对象，如城市社区和乡村社区，社区韧性评价指标必然不同。因此，本书将以城市居住社区为研究对象，从社区防疫角度出发，选取关键性的指标。

（2）独立性。韧性评价体系的各项指标内涵均有不同。两个指标之间不重复，内容独立，且可以独立解释。

（3）重要性。评价指标不宜过多，否则就没了重点，社区防疫韧性设计的指标必须反映社区防疫的主要目标：保障居民疫情期间的正常生活及减少疫情期间的社区传播。因此，从设施韧性、空间韧性、自然韧性及社会韧性四个维度设计指标时应抓住重点，找出关键指标，简化不重要指标。

（4）可获取性。评价指标首先应该是可获取的，指标数据在实际工作过程中是可以得到的，从而实现定量评价社区韧性的目的，有利于为今后的规划决策提供数据事实支撑。

（5）可行性。在对韧性社区进行实际评价时，考虑到获取相关信息和数据以及定量判断的实际情况，选择的指标应实用性强，便于实现韧性的定量分析。

8.4.2 指标选取依据

目前针对社区防疫韧性的指标评价体系还不完善，相关研究主要针对城市防灾减灾及安全社区。本书借鉴国内防灾减灾、突发公共事件、传染病防治相关法律法规、居住区相关规范标准导则和公共卫生防控救治建设指导方案及规划，并结合国内外社区韧性评价的相关文献，全面收集选取影响要素并整理，见表8-1。要素选择倾向于定义简明、评价结果易于量化的指标。

指标选取依据

表8-1

指标来源	名称
法律法规	《中华人民共和国突发事件应对法》（2007年）
	《中华人民共和国城乡规划法》（2007年）
	《中华人民共和国传染病防治法（修订草案征求意见稿）》（2020年）
规范标准导则	《城市绿地防灾避险设计导则》（2018年）
	《城市居住区规划设计标准》GB 50180
	《城市综合防灾规划标准》GB 51327
	《城市社区应急避难场所建设标准》建标180

续表

指标来源	名称
规范标准导则	《全国综合减灾示范社区标准》
	《防灾避难场所设计规范》GB 51143
	《完整居住区建设标准（试行）》
	《社区生活圈规划技术指南》TD/T 1062
建设指导方案及规划	《关于加强城市绿地系统建设提高城市防灾避险能力的意见》（2008年）
	《国家综合防灾减灾规划（2016—2020年）》
	《国家突发公共事件总体应急预案》（2006年）
	《国家综合减灾"十二五"规划（2011—2015年）》
	《公共卫生防控救治能力建设方案》（2020年）

8.4.3　指标筛选和确定

本书所指社区韧性是指在防疫背景下社区人居环境方面的韧性。从韧性理论的内涵来看，韧性社区应当具备抵抗突发事件的稳定性、功能变换与紧急扩充的冗余性、缓解灾害不利影响的适应性以及恢复到原有状态的恢复力。从社会物质空间层面，其主要包含设施韧性、空间韧性、环境韧性及社会韧性四个维度。

将人居环境方面的物质空间要素和社区韧性之间建立联系，并涵盖韧性概念的稳定性、冗余性、适应性和恢复力等四方面，涉及设施韧性、空间韧性、自然韧性及社会韧性四个维度。从城市规划学、韧性社区相关理论及流行病学出发，通过参考文献和问卷调查得到10个指标（图8-2）。

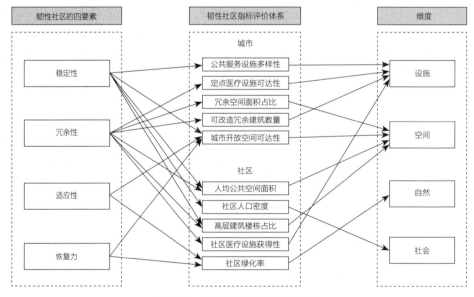

图8-2　韧性社区评价体系的构建

8.5 指标描述说明及计算方法

8.5.1 指标描述说明

1. 公共服务设施多样性

一般来说，居住区的公共服务设施主要包含教育、医疗卫生、文化体育、商业服务、金融邮电、市政公用、行政管理和其他八大类。但本书所研究的公共服务设施主要指疫情隔离期间最重要的日常生活保障设施。疫情期间，为了避免疫情集中爆发、减少医疗资源的消耗、为研制疫苗实现更有效的抗疫争取时间，社区与疾病要相持抗争一定的时间，社区需进行封闭管理。社区是城市空间的基本单元，在封闭管理的情况下，社区成了人们日常生活的重要单元，公共服务设施的完善是保持居民日常生活稳定的基础性保障。

需要在抗疫过程中保证居民起码的生活必需品供应和服务，如粮食、菜果、快递物流和健身场所等。社区商业配套的缺乏可导致供应短缺并造成恐慌抢购。快递作为近年来新生快速发展的服务和现代生活方式，其流线深达户门为现代生活带来便利，然而有的居住区因住户自取快递造成混乱无序的场面形成人员密集，存在隐患，尚有待完善。康体设施有利于居民在日常生活中增加体力运动，提高机体应对病原体的免疫力。因此，社区商业（饮食、生活物品）、快递物流设施及康体设施为疫情期间重点考量的基本生活配套设施。

2. 社区医疗设施获得性

基层的社区医疗设施，是城乡医疗卫生服务体系的重要组成部分，是日常生活更是疫情期间人民生命健康的"守门人"。社区医疗服务设施应发挥初步检测和筛查需求，减少居民前往市级医院检查时感染的风险并为中心医院分流。随着分级诊疗制度在我国的推广，社区医院—城市医院二级医疗服务体系逐步建立。社区医院负责一般性多发常见病的诊断和治疗，把超出服务能力的重大、紧急和复杂疾病及患者的医疗服务转至城市级的医疗设施。

在病毒疾病的防治过程中，社区医疗设施可发挥分级诊疗制度的优势，可提供基本卫生服务及承担疫情防控期间的其他工作——排查、及时发现、隔离、报告、转诊病人或疑似患者，减少定点救治医院的压力并降低过多就诊者在医院聚集造成的院内感染风险；除此之外，还可对居民进行疫情预防指导及教育科普，对患者及其家属、病亡人员家属、一线工作者及医护人员家属等重点群体进行心理疏导等。面对战时突发事件，特别是临时封闭式管理，社区卫生系统应能在一定时间内维持正常运行，维持生活环境，满足一定范围内居民的基本医疗需求。社区医疗设施包括社区卫生服务中心（社区医院）和其他卫生服务设施（如药店等）。

3. 定点医疗设施可达性

定点救治医院是抗疫的主战场，开展疑似病例和确诊病例的医疗救治工作。居住点到定点医疗设施可达性影响疑似病例和确诊病例获得医疗救治资源的便捷性和效率。

在疫情期间，居民点到定点医疗设施的可达性降低。有如下几种情形：其一，由于居住社区本身的位置公共服务设施配备不齐全，定点医疗设施距离远；其二，因城市的交通管制，出行方式首先影响了到达定点医疗设施的时间；其三，因定点医疗设施的医疗资源供给不足，无法收治新的病人而导致的定点医疗设施的可达性下降。因此，定点医疗设施可达性是疫情期间社区韧性指标应考量的重要因素。

4. 可改造冗余建筑数量

平时功能向战时功能转换的弹性预留建筑在疫情期间也十分重要。冗余建筑包括：可改造为收治轻型患者的方舱医院的大型体育馆、文化馆，可救治轻型患者，为定点救治医院分流减压；宾馆和酒店可作为隔离疑似患者的临时收容场所，有效地阻隔病毒的传播。

5. 冗余空间面积占比

社区的硬件设施对于抵抗疫情的能力并非总是足够的，如果抵抗失败，社区必须有平时功能向战时功能转换的弹性预留空间。现代城市文明在应对传染病方面已有很大进步，灾避难场地的规划成为城市规划防震减灾体系的重要组成部分，将体育场（含中小学操场）、公园绿地、广场等必要时刻转换为所需功能。在紧急状态下，公园绿地在短期内可以迅速启用，用于疫情期间作为特殊的缓冲安置区域，进行隔离、物资储备及政府指挥等。体育场、中小学操场等设施疫情发生期间停用，循其空间开阔度优势，也可应急改造为相应的临时应急服务体系提供空间。

城市的冗余空间不仅可以为应急医疗设施预留大型空间、提供物资仓储空间，同时可以用于临时转移人员，发挥应急空间转换、物资仓储及临时避难的作用。城市都应加强物资储备能力，关乎民生的重要物资要在城市内部做好储备，以备发生类似突发事件之后，保障非常时期的自给自足。因此，社区外的一定范围内冗余空间面积占比十分重要，需在规划时预留空间，以应对发生疫情或者其他突发事件。

6. 人均公共空间面积

主要指的是社区的户外公共空间，包括绿化空间、道路空间、公共服务设施用地中的公共活动空间。可促进疫情期间居民体力活动和社会交往，以促进身心健康。

在控制疫情期间，为了降低病毒的蔓延，很多国家和地区都选择对公共场所的使用进行限制。在平常的生活中，社区的公共空间为我们提供了日常的生活交往空间和体力活动空间。在后疫情时代，充足的社区空间可提供体力活动的空间，促进体力活动，改善居民免疫力；社区的公共空间可通过空间的美学效果，提升社区风貌；公共空间也提供了居民间日常交往空间，增加社区的凝聚力和归属感，构建和谐的邻里关系。

7．高层建筑楼栋占比

指社区内高层建筑占总楼栋的比例。高层住宅的防疫能力较低。高层建筑是一个垂直叠加的居住生活空间，依靠单一的封闭式垂直运输方式、高落差污水系统和共用的封闭式通风井，已成为疫情传播的高发风险地区。

在2003年SARS病毒爆发时有通过排水系统超级传播的案例，该高层建筑群中大约有19000名住户，却有300人确诊和42人死亡，人数占据了香港所有SARS总患者的六分之一。在此次新冠肺炎疫情中也出现了通过电梯间传播的案例，由于电梯内空间密闭且空气不流通，患者进入空间并留下病毒，病毒在密闭不流通的空间中形成了气溶胶，导致空气中稳定分散悬浮的病毒颗粒更加容易被传播，严重威胁人们的身体健康。

8．城市开放空间可达性

城市开放空间主要指的是城市尺度的户外公共空间。城市开放空间包括公园、开敞绿地及开敞广场。城市开放空间形成的城市通风廊道，对空气、气溶胶传播的病毒扩散有明显的抑制作用，同时为居民提供进行体力活动的空间，增强疫情期间的免疫力。

9．社区绿化率

即社区内部的各类绿地的覆盖比例。绿地有利于改善社区微气候，降低传染病传播的概率。绿化的品质和景观配置也会影响居家隔离的心理状态。武汉大学黄昕团队探究了社区确诊人数与城市规划因素的相关关系，研究表明社区的绿化率与确诊人数呈正相关。

10．社区人口密度

即社区的人口分布密集情况。根据流行病学规律，其在疫情初发期与流行病的扩散速度密切相关。

防疫视角下社区韧性评价指标体系及指标属性见表8-2，正向属性表明和韧性呈正相关，即该指标指数越大，韧性越大；负向属性表明和韧性呈负相关，即该指标指数越大，韧性越小。

防疫视角下社区韧性评价指标体系及指标属性　　　　　表8-2

目标层	指标层	指标编号	指标属性
社区韧性	公共服务设施多样性	X_1	正向
	社区医疗设施获得性	X_2	正向
	定点医疗设施可达性	X_3	正向
	可改造冗余建筑数量	X_4	正向
	冗余空间面积占比	X_5	正向
	人均公共空间面积	X_6	正向
	高层建筑楼栋占比	X_7	负向
	城市开放空间可达性	X_8	正向
	社区绿化率	X_9	正向
	社区人口密度	X_{10}	负向

8.5.2 计算方法

1. X_1：公共服务设施多样性

香农—威纳指数主要应用于多样性与景观格局的研究。以往的公共服务设施多样性指数仅包括设施种类的多少，香农—威纳指数借用了信息论方法测量设施种类的无序性，无序性越大，设施的多样程度越高。香农—威纳指数可以表述两个方面的信息：一是公共服务设施类型的多少（在本研究中，公共服务设施种类包括与居民日常生活关联密切的商业设施、体育设施和物流设施），即设施的丰富度；二是判断各种类型公共服务设施数量的均匀程度。计算公式为：

$$D_f = -\sum_{i=1}^{m_f} P_i \ln(P_i) \tag{8-1}$$

式中　D_f——公共服务设施多样性；

　　　m_f——公共服务设施数目；

　　　P_i——公共服务设施类型 i 所占设施总数的比例。

2. X_2：社区医疗设施获得性

$$N_m = N_{ch} w_{ch} + N_{hf} w_{hf} \tag{8-2}$$

式中　N_m——社区医疗设施数量；

　　　N_{ch}——社区卫生服务中心数量；

　　　w_{ch}——社区卫生服务中心数量权重，取值为10；

　　　N_{hf}——其他卫生服务设施数量；

　　　w_{hf}——其他卫生服务设施数量权重，取值为1。

3. X_3：定点医疗设施可达性

改进潜能模型测度方法属于基于空间相互作用的一种可达性评价方法，准确反映居民对小空间尺度研究单元设施和资源的使用情况。对于定点医疗设施来说，其规模以及服务能力是城市居住社区的吸引力因素，居民点的需求的大小也应考虑在内，通过计算居民点和定点医疗设施间的引力关系，计算居民点的服务获取能力。改进潜能模型的空间可达性 A 值越高，则居民点 t 到定点医疗设施的空间综合可达性越好。改进潜能模型的可达性测度计算公式为：

$$A_t = \sum_{j=1}^{n} \frac{M_j}{d_{tj}^{\beta} V_j}, \text{ 其中：} V_j = \sum_{j=1}^{m} \frac{P_k}{d_{kj}^{\beta}} \tag{8-3}$$

式中　A_t——居民点 t 的空间综合可达性；

　　　M_j——定点救治医院的服务能力（以床位数表示）；

　　　d_{tj}^{β}——出行摩擦系数为 β 时 t 居民点到定点医疗设施 j 的出行阻抗因子，（以时间表示）；

n——医疗设施的数量；

m——居民点的数量；

V_j——人口规模影响因子；

P_k——居民点 k 的人口数；

d_{kj}^{β}——出行摩擦系数为 β 时居民点 k 到定点医疗设施 j 的出行阻抗因子，（以时间表示）。

4. X_4：可改造冗余建筑数量

$$N_b = N_c \cdot w_c + N_{hp} \tag{8-4}$$

式中　N_b——可改造冗余建筑数量；

N_c——30min 步行范围内大型的体育馆、文化馆的数量；

w_c——体育馆、文化馆的权重；

N_{hp}——15min 步行范围内宾馆的数量。

5. X_5：冗余空间面积占比

$$P_s = \frac{A_{rs}}{A} \times 100\% \tag{8-5}$$

式中　P_s——冗余空间面积占比；

A_{rs}——居民点 30min 步行范围内的冗余面积；

A——居民点 30min 步行范围的面积。

6. X_6：人均公共空间面积

$$A_p = \frac{A_{ca} - A_b}{A_{ca} P_r} \tag{8-6}$$

式中　A_p——人均公共空间面积；

A_{ca}——社区占地面积；

A_b——建筑占地面积；

P_r——社区人口数量。

7. X_7：高层建筑楼栋占比

$$P_h = \frac{N_{hb}}{N_{cb}} \times 100\% \tag{8-7}$$

式中　P_h——高层建筑楼栋占比；

N_{hb}——高层建筑的数量；

N_{cb}——居住小区内建筑总数量。

8. X_8：城市开放空间可达性

该指标与人均公共空间面积占比一样采用平均时间法计算可达性。城市开放空间与居民点的空间阻隔与可达性成反比关系，即阻隔越高，居民点到城市开放空间的可达性

水平越低。其计算式为:

$$A_o = \sum_{r=1}^{n} d_{or} \qquad (8-8)$$

式中　A_o——城市开放空间可达性;

　　　n_r——居民点r的数目;

　　　d_{or}——居民点o到城市开放空间r的交通阻抗。

　9.　X_9:社区绿化率

$$P_g = \frac{A_g}{A_{ca}} \times 100\% \qquad (8-9)$$

式中　P_g——社区绿化率;

　　　A_g——居住区内各类绿地面积;

　　　A_{ca}——社区占地面积。

　10.　X_{10}:社区人口密度

$$D_P = \frac{H_R r_C}{A_{ca}} \qquad (8-10)$$

式中　D_P——社区人口密度;

　　　A_{ca}——社区占地面积;

　　　H_R——社区户数;

　　　r_C——社区人口户数比。

8.6　数据处理

8.6.1　指标数值预处理方法

8.6.1.1　指标一致化——逆向指标转化

不同的指标因其性质不同而表现出不同的内容。根据指标本身的属性,可将其分为正向指标、逆向指标和适度指标。正向指标数值越大,指标表现越好。反向指标数值越小,指标表现越好。适度指标数值居中最佳,不宜过大或过小。本书选取的指标主要包括正向指标和逆向指标。因此需要指标属性统一,以准确判断最终的评价结果。因此,在对社区的防疫韧性评价之前,需对评价指标进行一致性处理,将不同属性的指标转化成统一属性的指标,本书将逆向指标转化为正向指标,转化方法如下:

如果指标X为逆向指标,其值x可利用以下公式转化成正向指标:

$$x' = M - x \qquad (8-11)$$

其中，M为指标X取值范围内的最大值。

8.6.1.2　指标的无量纲化

无量纲标准化处理不同单位的指标计算值，通常会使用离差标准化方法对原始数据进行线性变换，将其映射到［0,1］之间。正相关数据和负相关数据的标准化公式分别为：

$$\bar{X}_+ = \frac{x - x_{min}}{x_{max} - x_{min}} \tag{8-12}$$

$$\bar{X}_- = \frac{x_{max} - x}{x_{max} - x_{min}} \tag{8-13}$$

表8-2中正方向指标（X_1，X_2，X_3，X_4，X_5，X_6，X_7，X_{10}）采用式（8-12）进行计算，负方向指标（X_8，X_9）采用式（8-13）进行计算。经过标准化处理后的各指标值称为该指标的韧性指数。

8.6.2　评价指标韧性指数等级划分

通过对各指标因子计算标准和权重的制定，可以使用评价模型对研究区域的社区韧性进行评价。自然间断点分级法确保了每组数据的内部相似性最高，并在最大程度上不同于其他数据组。使用自然间断点分级法将各评价指标韧性指数划分为5个等级，以此反映社区韧性能力的相对高低（表8-3）。

社区韧性等级划分　　　　　　　　　　　　　　表8-3

等级	韧性很高	韧性较高	韧性中等	韧性较低	韧性很差
分值	I	II	III	IV	V

8.6.3　综合韧性评价模型

评价指标权重的确定采用专家咨询的方法，首先邀请相关专业教师、社区管理人员、小区居民代表等30位人员参与填写判断矩阵，根据打分情况，使用软件YAAHP进行权重计算，具体计算结果见表8-9。每个小区韧性的综合评价值为：

$$R = \sum_{i=1}^{n} a_i r_i \tag{8-14}$$

式中　a_i——第i个韧性评价指标的权重；

r_i——第i个韧性评价指标的分值。

8.7 韧性评价体系指标权重的确定

8.7.1 权重计算过程简介

本书研究的韧性社区体系应用德尔菲法和层次分析法，通过一定的计算公式获得各级指标的权重，然后对两种方法得到的指标权重进行几何平均，并将所得结果作为最终权重。

8.7.1.1 德尔菲法计算权重

首先，采用德尔菲法计算各层次指标的权重，再对各专家的得分求几何平均数。具体算法如下：假设共有 n 个专家打分，专家1确定分值为 F_1，专家2分值为 F_2，以此类推，专家 n 确定分值为 F_n。则几何平均数 $X = \sqrt[n]{F_1 \times F_2 \times \cdots \times F_n}$。

8.7.1.2 层次分析法计算权重

1. 建立判断矩阵

在完成评估体系结构模型的基础上，建立了判断矩阵模型。通过同一层次不同因素的两两比较，可以明确各指标因素的重要性。根据重要性程度，获得与之对应的标度，建立判断矩阵，量化评价过程。

假设P为评价体系结构的目标层，因子层为f，那么建立矩阵如下：

$$O = \left(f_{ij} \right) = \begin{bmatrix} f_{11} & f_{12} & \cdots & f_{1n} \\ f_{21} & f_{22} & \cdots & f_{2n} \\ \cdots & \cdots & \cdots & \cdots \\ f_{n1} & f_{n2} & \cdots & f_{nn} \end{bmatrix}$$

f_{ij} 表示因子 f_i 与 f_j 相对于上一层因子重要程度的标度，其判断比较的标度原则见表8-4。两个因子之间的标度可以用 1~9 表示，判断矩阵的标度及其含义在表中作了详细说明。

判断比较的标度原则　　　　　　　　　　　　　　表8-4

标度	两个元素比较的定义与说明
1	两个具有同样的重要性（或相同强）
3	一元素比另一元素稍微重要（或稍微强）
5	一元素比另一元素比较重要（或比较强）
7	一元素比另一元素明显重要（或明显强）
9	一元素比另一元素绝对重要（或绝对强）
2，4，6，8	在上述两个标准之间折中时的标度

资料来源：参考文献 [169]。

为了构造判断矩阵，本研究从社区防疫角度出发，根据社区韧性评价体系建立了打分系统，评价了各要素在目标体系和准则层面的相对重要性。对于不同领域的规划师、建筑师、社区业主、社区居委会相关负责人等进行问卷调查。问卷共发放150份，收回143份，回收率为96.3%，有效问卷133份，有效率93.0%。由于各因素间的相对重要性，不同专家的评判标准不尽相同，故根据比例最大的原则来决定其重要性。

2. 权重计算

采用层次分析法来确定权重，主要是要解决判断矩阵的最大特征值和特征矢量。利用层次分析法对要素重要性进行排序，其目标是通过这种判定方法对定性问题进行定量化，并最终解决定性问题。就本书研究内容和深度而言，采用方根法进行计算。

1）计算判断矩阵P中每一行因子的乘积M_i

$$M_i = \prod_{j=n}^{n} a_{ij}, i = 1, 2, 3, \cdots, n \tag{8-15}$$

2）计算M_i的n次方根W_i

$$W_i' = \sqrt[n]{M_i}, i = 1, 2, \cdots, n \tag{8-16}$$

3）将向量$W' = [W_1', W_1', \cdots, W_n']$归一化

$$W_i = W_1' / \sum_{j=1}^{n} W_i' \tag{8-17}$$

$W = [W_1', W_1', \cdots, W_n']$为特征向量，各元素为各权重系数。

最大特征值$l_{\max} = \sum_{i=1}^{n} X_i^2 \dfrac{(PM)_i}{nW_i}$，$(PM)_i$表示向量$PW$的第$i$个因子。

3. 一致性检验

采用 AHP方法确定各因素的权重，是根据被邀请的专家对各因素的相对重要程度来确定的。由于评价体系中的指标因素很多，所以专家们很难保证前后判断的逻辑统一，从而判断标度可能产生不同。因此，要用如下公式对判断结果进行一致性检验。

1）一致性指标$CI = \dfrac{l_{\max} - n}{n-1}$（$n$为矩阵阶数，$l_{\max}$为矩阵最大特征值）

2）一致性比率$CR = CI/RI$

当$CR = 0$时，表示逻辑性完全一致；当$CR < 0.1$时，表示一致性在可接受范围内；当$CR \geq 0.1$时，必须对重要判定评分进行重新调整，以保证一致性。RI为随机一致性指标，其数值如表8-5所示。

随机一致性指标数值表　　　　　　　　　　　　　　表8-5

N	1	2	3	4	5	6	7	8	9	10
RI	0	0	0.52	0.89	1.12	1.26	1.36	1.41	1.46	1.49

资料来源：参考文献［169］。

8.7.2　指标权重计算

采用德尔菲法（表8-6、表8-7）和 AHP 法（表8-8）求出各项指标权重值，在此基础上确定两种算法权重值的平均数，最终确定各韧性指标的权重。因二级指标数量较多，简化了运算步骤，仅呈现运算结果。

防疫视角下社区韧性评价指标权重专家打分汇总　　　　　　表8-6

总目标	各韧性指标	专家权重打分分值								
		专家1	专家2	专家3	专家4	专家5	专家6	专家7	专家8	专家9
社区韧性	公共服务设施多样性X_1	25	27	24	25	24	22	24	26	23
	社区医疗设施获得性X_2	19	20	18	17	16	14	17	15	16
	定点医疗设施可达性X_3	16	15	16	15	18	15	16	14	17
	可改造冗余建筑数量X_4	10	9	12	10	9	10	11	11	12
	冗余空间面积占比X_5	6	7	6	9	10	10	9	12	11
	人均公共空间面积X_6	11	10	10	9	9	11	10	10	9
	高层建筑楼栋占比X_7	4	3	4	4	3	4	3	3	4
	城市开放空间可达性X_8	4	4	5	4	5	6	4	3	3
	社区绿化率X_9	2	3	2	3	2	3	2	2	2
	社区人口密度X_{10}	3	2	3	4	4	5	4	4	3

根据表8-6计算社区韧性评价指标的几何平均数，可得：

公共服务设施多样性X_1的权重为
$$\sqrt[9]{25\times27\times24\times25\times24\times22\times24\times26\times23}=24.4$$

社区医疗设施获得性X_2的权重为
$$\sqrt[9]{19\times20\times18\times17\times16\times14\times17\times15\times16}=16.8$$

定点医疗设施可达性X_3的权重为
$$\sqrt[9]{25\times27\times24\times25\times24\times22\times24\times26\times23}=15.7$$

可改造冗余建筑数量X_4的权重为
$$\sqrt[9]{25\times27\times24\times25\times24\times22\times24\times26\times23}=10.4$$

冗余空间面积占比X_5的权重为

$$\sqrt[9]{25 \times 27 \times 24 \times 25 \times 24 \times 22 \times 24 \times 26 \times 23} = 8.6$$

人均公共空间面积X_6的权重为

$$\sqrt[9]{25 \times 27 \times 24 \times 25 \times 24 \times 22 \times 24 \times 26 \times 23} = 9.9$$

高层建筑楼栋占比X_7的权重为

$$\sqrt[9]{25 \times 27 \times 24 \times 25 \times 24 \times 22 \times 24 \times 26 \times 23} = 3.5$$

城市开放空间可达性X_8的权重为

$$\sqrt[9]{25 \times 27 \times 24 \times 25 \times 24 \times 22 \times 24 \times 26 \times 23} = 4.1$$

社区绿化率X_9的权重为

$$\sqrt[9]{25 \times 27 \times 24 \times 25 \times 24 \times 22 \times 24 \times 26 \times 23} = 2.3$$

社区人口密度X_{10}的权重为

$$\sqrt[9]{25 \times 27 \times 24 \times 25 \times 24 \times 22 \times 24 \times 26 \times 23} = 3.4$$

将所得计算结果归一化，设防疫视角下社区韧性评价指标体系总权重为1，则利用德尔菲法计算各项社区韧性指标权重，见表8-7。

采用德尔菲法计算各项社区韧性指标权重结果汇总　　　　　表8-7

韧性指标	公共服务设施多样性X_1	社区医疗设施获得性X_2	定点医疗设施可达性X_3	可改造冗余建筑数量X_4	冗余空间面积占比X_5	人均公共空间面积X_6	高层建筑楼栋占比X_7	城市开放空间可达性X_8	社区绿化率X_9	社区人口密度X_{10}
权重	0.244	0.168	0.157	0.104	0.086	0.099	0.035	0.041	0.023	0.034

利用层次分析法的各指标相对重要程度判断矩阵进行分析得出各韧性指标权重，结果见表8-8。

判断矩阵及权重w_i结果　　　　　表8-8

韧性指标	公共服务设施多样性X_1	社区医疗设施获得性X_2	定点医疗设施可达性X_3	可改造冗余建筑数量X_4	冗余空间面积占比X_5	人均公共空间面积X_6	高层建筑楼栋占比X_7	城市开放空间可达性X_8	社区绿化率X_9	社区人口密度X_{10}
公共服务设施多样性X_1	1.000	4.000	7.000	5.000	5.000	1.000	3.000	7.000	8.000	7.000
社区医疗设施获得性X_2	0.025	1.000	7.000	1.000	5.000	1.000	2.000	9.000	9.000	7.000
定点医疗设施可达性X_3	0.143	0.143	1.000	0.333	0.500	0.200	0.250	5.000	5.000	3.000

续表

韧性指标	公共服务设施多样性X_1	社区医疗设施获得性X_2	定点医疗设施可达性X_3	可改造冗余建筑数量X_4	冗余空间面积占比X_5	人均公共空间面积X_6	高层建筑楼栋占比X_7	城市开放空间可达性X_8	社区绿化率X_9	社区人口密度X_{10}
可改造冗余建筑数量X_4	0.200	1.000	3.000	1.000	5.000	0.333	0.333	5.000	7.000	5.000
冗余空间面积占比X_5	0.200	0.200	2.000	0.200	1.000	0.500	0.200	1.000	3.000	0.500
人均公共空间面积X_6	1.000	1.000	5.000	3.000	2.000	1.000	3.000	7.000	7.000	7.000
高层建筑楼栋占比X_7	0.333	0.500	4.000	3.000	5.000	0.333	1.000	5.000	5.000	3.000
城市开放空间可达性X_8	0.143	0.111	0.200	0.200	1.000	0.143	0.200	1.000	3.000	0.333
社区绿化率X_9	0.123	0.111	0.200	0.143	0.333	0.143	0.200	0.333	1.000	0.333
社区人口密度X_{10}	0.143	0.142	0.333	0.200	2.000	0.143	0.333	3.000	5.000	1.000
w_i	0.268	0.165	0.47	0.102	0.039	0.186	0.118	0.023	0.023	0.037

8.7.3 韧性评价体系指标权重汇总

将德尔菲法和AHP法两种方法计算出的权重进行几何平均计算，计算最终权重值，并把8.7.2节计算所得指标权重进行汇总并排序，如表8-9所示，并可视化表达（图8-3），可得防疫视角下，权重较高的3个指标依次为公共服务设施多样性X_1、社区医疗设施获得性X_2和定点医疗设施可达性X_3，权重较低的指标依次是社区绿化率X_9、高层建筑楼栋占比X_7、社区人口密度X_{10}。

社区防疫韧性各韧性指标权重　　　　　　　　　　　　　　表8-9

各韧性指标	权重	指标属性	排序
公共服务设施多样性X_1	0.256	正向	1
社区医疗设施获得性X_2	0.177	正向	2
定点医疗设施可达性X_3	0.161	正向	3

续表

各韧性指标	权重	指标属性	排序
可改造冗余建筑数量X_4	0.102	正向	5
冗余空间面积占比X_5	0.062	正向	6
人均公共空间面积X_6	0.108	正向	4
高层建筑楼栋占比X_7	0.028	逆向	9
城市开放空间可达性X_8	0.039	正向	7
社区绿化率X_9	0.019	正向	10
社区人口密度X_{10}	0.035	逆向	8

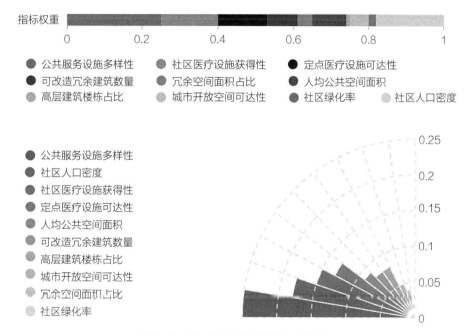

图8-3　社区韧性各韧性指标权重占比

第 9 章
社区韧性评价案例分析

本章首先对所研究区域概况进行说明，界定研究区域范围，分析区域内社区的分布特点，并简要回顾邯郸城市建设发展历史。其次，收集邯郸市主城区社区韧性评价指标所需数据导入地理信息数据库。最后，将导入的数据进行计算处理并可视化，可得邯郸市主城区社区韧性的空间分布特点，为下一步进行社区韧性指数均衡性的评价分析提供数据基础。

9.1 研究区域概况

9.1.1 研究区域界定

本书研究范围为河北省邯郸市主城区，位于北环路以南、东环路以西、南环路以北和西环路以东，包含丛台区、邯山区、复兴区三个行政区的部分区域，区域面积为 90.12km², 常住人口约为134万人，城镇化率达86%～90%。邯郸市的道路结构呈"二横三纵"的特点，有利于对外交通。"二横"指两条东西向主干道：联纺路、人民路；"三纵"指三条南北主干道：浴新北大街、中华大街和滏河大街（图9-1）。

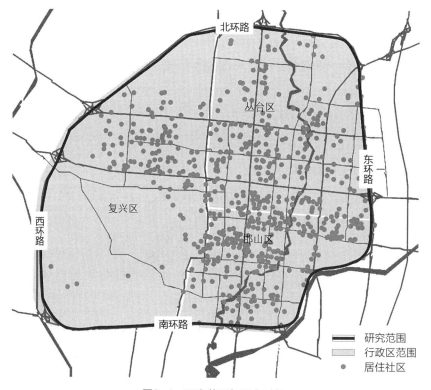

图9-1　研究范围与研究对象

9.1.2 居住社区的分布概况

本次研究对象为河北省邯郸市主城区内的全部居住社区（以获取区域内的居住小区兴趣点数据集为准）。经统计后，丛台区、复兴区、邯山区的居住社区分布数量分别为249、121、224个；利用GIS软件对各大类POI设施点进行核密度分析（图9-2）。

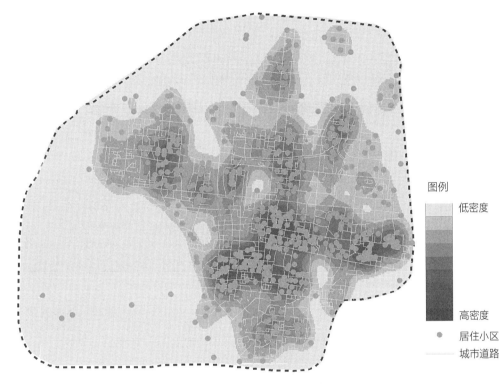

图例

低密度

高密度

· 居住小区
··· 城市道路

图9-2 邯郸市主城区居住区核密度图

根据核密度分析结果可以看出：

（1）从整体层面来看，居住社区分布特点呈现出由内而外圈层式递减的趋势；

（2）从各行政区来看，其分布特点是：主要集中在邯山区，丛台区次之，复兴区由于西南部有大部分工业用地而整体核密度最小。这表明，各行政区居住区密度邯山区＞丛台区＞复兴区，究其原因，复兴区由于西南区域大片为工业用地，因此其居住区密度最小，丛台区和邯山区交界区域靠主城区核心区域，居住区密度呈现由核心区域向周围逐渐变疏趋势。

由于丛台区、邯山区和复兴区交界附近区域密度比较大，居民点分布相对较为聚集，故对研究区域的社区防疫韧性能力进行研究，有利于能力提升，打造健康可持续城市。

9.1.3 邯郸城市发展概况

中华人民共和国成立后，邯郸这座有着3000年历史的古城，在蓬勃发展中焕然一新，近年来的城市建设与发展更是进入新阶段。将邯郸城市发展主要划分为四个阶段。

1. 初步发展的工业之城（1945年—1950年代中期）

中华人民共和国成立初期的邯郸市城区面积小、人口少，建筑物多为结构简单的中低层的商业用房和居住用房，城市道路空间和绿化空间缺乏，城区基础设施建设水平很低。1950年以来，在党和国家的关心支持下，开始发展工业，建立的国棉一厂使邯郸市迅速发展为一座纺织之城。1953年邯郸市编制了第一期城市总体规划方案，此后，推进了城市建设与管理发展，完成了城市市政设施和文化设施的建设（晋冀鲁豫烈士陵园和丛台公园在此期间建成），城市规模、人口是1945年的十倍，为邯郸日后发展奠定了基础。

2. 城市功能逐步完善（1950年代中后期—1976年）

1950年代中后期，逐渐形成了以煤炭、钢铁、纺织等为主要产业的工业城市。在此期间，对城市总体规划进行了修订和补充，迎来了中华人民共和国成立后的首次大建设热潮。此后，邯郸市的市政公用设施建设全面展开，形成了主干道和支干道分布协调的基本道路结构，城市面貌初步实现改观。

3. 城市快速发展时期（1978年—20世纪初）

1978年，中国共产党十一届三中全会提出"以经济建设为中心"实现"改革开放"。党中央和国家的这一决策，为邯郸提供了新的发展机遇。1983年10月，省政府批复并正式批准了第二期城市总体规划。到1990年，城市建成区面积发展到63km²，城市人口超百万，1992年被国务院批准为"较大的市"。随着改革开放的推进，邯郸城市建设进入快速发展时期。21世纪前后，进一步加强基础设施建设，基础设施整体水平大幅提升，并建成一批大型公共建筑，城市面貌明显改观。

4. 城市功能日臻完善（2001年至今）

在该阶段，邯郸城市仍保持强劲发展势头。城市总体规划增加了都市区"1+8"组团，城市空间迅速拓展；形成四通八达、多层次路网格局，城市路网结构不断完善，延伸了都市区发展框架；生态园林项目建设取得显著成效，创建了国家园林城市；同步完善了绿化、亮化等基础设施，强化了城市防洪排涝，提高了城市的环境质量和人民的生活水平，完善了城市的功能，城乡建设取得显著成就。

2018年以来，邯郸市围绕建设京津冀联动中原的区域中心城市目标完成了宜居城市建设规划编制工作，优化生态宜居城市布局，深入开展以海绵城市、绿色城市、智慧城市、人文城市为新型理念建设城市，以提高城市承载力和宜居性，提高城市品位，日臻完善城市功能。

9.2 数据来源

研究数据主要包含以下几类：路网数据、兴趣点（Points of Interest，简称POI）数据、居住社区边界数据、建筑边界数据、绿地公园、广场数据和人口数据。

（1）路网数据来源于开源地图并经拓扑处理，便于后续的数据分析。

（2）POI点数据和居住小区边界是通过python爬虫技术获取，本研究所用POI数据包括商业类POI数据集、物流服务类POI数据集、体育设施类POI数据集、医疗设施类POI数据集、酒店宾馆类POI数据集和中小学类POI数据集。

（3）建筑边界、公园绿地和广场数据是通过百度地图截获器获得。

（4）人口数据是根据python爬虫获取某房产服务平台的居住小区户数以及从2020年邯郸统计年鉴中获取的丛台区总人口和总户数计算而来。

9.3 社区韧性的空间分布及分析

9.3.1 主城区内社区韧性的空间分布及分析

将多途径得到的数据导入GIS地理信息技术平台，建立社区韧性地理数据库，用8.5.2节的计算方法算出防疫视角下所有社区各韧性指标及综合韧性指标的指数，然后，对计算结果使用自然断点法进行分级（表9-1），并使用GIS进行空间可视化呈现，结果如图9-3所示。并对各个韧性指标结果进行居住区韧性各韧性指标及综合韧性指标等级占比的分析，最后可得邯郸市主城区社区相对韧性能力的分布现状。

各韧性指标及综合韧性指标指数自然断点法分级区间　　　　　表9-1

指标	韧性等级的取值区间				
	V	IV	III	II	I
公共服务设施多样性	［0.00,0.10）	［0.10,0.30）	［0.30,0.48）	［0.48,0.66）	［0.48,0.66］
冗余空间面积占比	［0.00,0.02）	［0.02,0.06）	［0.06,0.13）	［0.13,0.27）	［0.27,1.00］
可改造冗余建筑数量	［0.00,0.06）	［0.06,0.19）	［0.19,0.33）	［0.33,0.63）	［0.63,1.00］
社区人口密度	［0.00,0.32）	［0.32,0.77）	［0.19,0.33）	［0.33,0.63）	［0.63,1.00］
城市开放空间可达性	［0.00,0.48）	［0.49,0.65）	［0.66,0.76）	［0.76,0.86）	［0.86,1.00］
人均公共空间面积	［0.00,0.64）	［0.64,0.78）	［0.78,0.86）	［0.86,0.92）	［0.92,1.00］
高层建筑楼栋占比	［0.00,0.15）	［0.15,0.45）	［0.45,0.71）	［0.71,0.91）	［0.92,1.00］
定点医疗设施可达性	［0.00,0.18）	［0.18,0.68）	［0.68,0.80）	［0.8,0.89）	［0.89,1.00］

续表

指标	韧性等级的取值区间				
	V	IV	III	II	I
社区绿化率	[0.00,0.22)	[0.22,0.45)	[0.45,0.61)	[0.61,0.79)	[0.79,1.00]
综合韧性	[0.00,0.33)	[0.33,0.50)	[0.45,0.61)	[0.61,0.79)	[0.79,1.00]

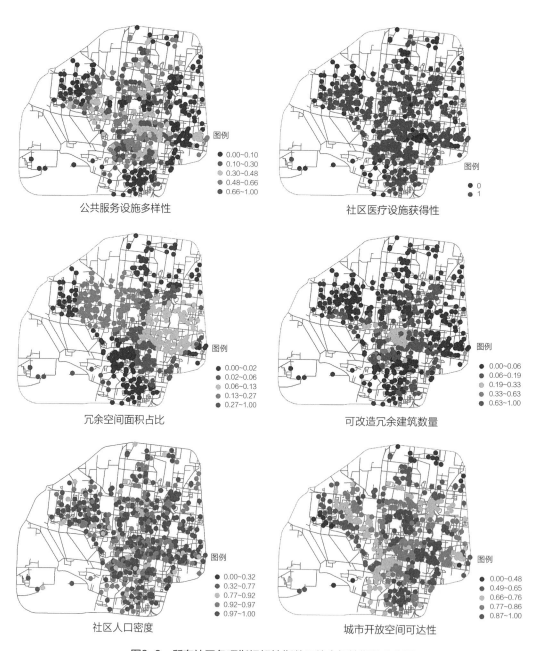

图9-3　所有社区各项指标韧性指数及综合韧性指数分布图

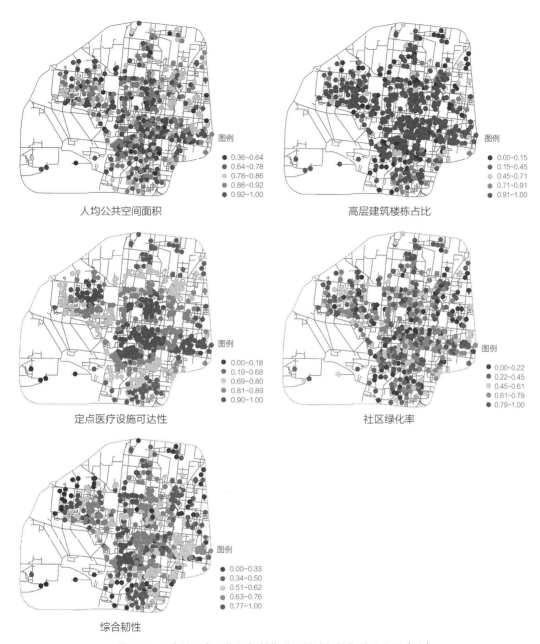

图9-3　所有社区各项指标韧性指数及综合韧性指数分布图（续）

由图9-3可知，各社区韧性指标空间分布特点如下：

在公共服务设施多样性韧性方面，最高值呈现多核分散式分布的特点，最低值集中分布在主城区外围区域，在整体上呈由老城区核心区向外围公共服务设施多样性韧性减少的特点。研究发现，公共服务设施多样性较低的社区周围体育休闲类设施较为匮乏，商业类设施和物流类设施覆盖率普遍较高。

在社区医疗设施获得性方面，相对最高值主要分布于老城区核心区，相对最低值集中分布在主城区外围区域，也有星零分布于老城区内，在整体上呈由老城区核心区向外围公共服务设施多样性韧性减少的特点，但总体韧性较高社区占比高。研究发现，社区医疗设施可获得性较低主要是因为社区医疗设施的缺失或步行可达性较差。

在定点医疗设施可达性方面，韧性相对较高区域主要集中于复兴区北部、丛台区南部及邯山区北部，韧性相对较低区域主要位于主城区边缘。研究发现，韧性相对较高区域有定点医疗设施且可达性好，韧性相对较低区域则定点医疗设施缺乏、可达性差。

在可改造冗余建筑数量方面，相对最高值较少，主要分布在三个行政区交界处，相对最低值相对较多，主要分布于主城区外围区域，在整体上呈由老城区核心区向外围可改造冗余建筑数量韧性减少的特点。研究发现，可改造冗余建筑韧性相对高值主要位于火车站周围，其次分布于主城区核心区，相对较低区域体育馆、文化馆和宾馆的数量都比较少。

在冗余空间面积占比方面，最高值集中在复兴区南部区域、丛台区南部及邯山区北部，最低值集中在复兴区西部、丛台区北部及邯山区南部。研究发现，冗余空间面积占比韧性较高区域主要集中在赵王城遗址公园、丛台公园、龙湖公园、赵苑公园附近，作为应急避难场所在应急时有效面积大，可容纳人数多，冗余空间面积占比韧性较低的社区不仅缺乏公园绿地，周围广场和中小学操场也匮乏。

在人均公共空间面积方面，没有明显的集聚特征，空间总体分布比较分散。研究发现，人均公共空间面积韧性相对高值为较新建设的小区及规模较大的单位家属院，相对较低社区主要为小区规模只有一两栋，其公共面积严重不足，有的更是直接面向街道。

在高层建筑楼栋占比方面，相对高值集中在复兴区北部、丛台区南部、邯山区北部且占比较大，相对低值主要分布于丛台区东北部及邯山区南部。研究发现，高层建筑楼栋占比韧性较高区域多为建设时间较久的社区及中低层集中分布的社区，韧性相对低值社区大多为2000年后新建的社区及高层公寓。

在城市开放空间可达性方面，相对高值集中分布在丛台区南部、邯山区北部及南部部分地区，在整体上呈由老城区核心区向外围城市开放空间可达性韧性减少的特点。研究发现，相对较高区域有城市公园的分布，如赵苑公园、丛台公园、龙湖公园、滏阳公园和罗城头公园，相对较低区域则缺少这类设施。

在社区绿化率方面，没有明显的集聚特征，空间总体分布比较分散。研究发现，韧性相对较高区域主要为新建小区，整体上配套完善，绿化较好；韧性相对较低小区主要为老旧小区，配套较为缺失，绿化率低。

在社区人口密度方面，没有明显的集聚特征，空间总体分布比较分散。相对韧性较高值分布占比较大，相对韧性较低区域为高层公寓及人口密集的老旧居住小区。

在综合韧性方面，相对较高区域位于丛台区东部及邯山区的东北部，相对韧性较低区域分布于主城区外围区域，在整体上呈由老城区核心区向外围综合韧性减少的特点。

研究发现，年代较久的建成区城市及社区层面的各要素比较完善，因此韧性相对较高；相反，东环路、南环路、西环路及北环路周围的小区由于远离中心城区，城市及社区层面的各要素有缺失，因此韧性相对较低。

通过将各指标及综合韧性指标不同韧性等级进行统计并可视化，可直观地表现出各指标及综合韧性指标等级所占比例，"韧性很差"和"韧性较低"所占比例越大，则该指标韧性越差，"韧性很高"和"韧性较高"所占比例越大则该指标韧性越好，如图9-4所示。

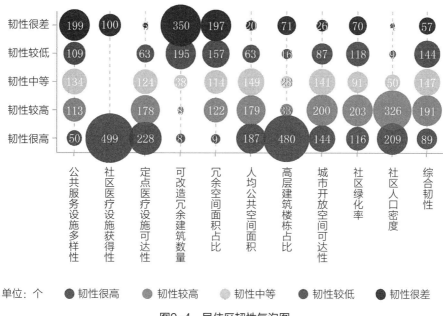

图9-4　居住区韧性气泡图

由图可知：邯郸市主城区居住区各韧性指标等级分布不均衡。

（1）从各个指标来说，公共服务设施多样性、可改造冗余建筑数量、冗余空间面积占比三个韧性指数韧性相对最差；社区医疗设施获得性、高层建筑楼栋占比、社区人口密度韧性指数相对较高；定点医疗设施可达性、人均共公共空间面积、城市开放空间可达性三个指标中等及以上所占比例较大，相对韧性中等偏上。

（2）从综合韧性指标来说，邯郸市主城区居住区韧性处于相对中等水平。

9.3.2　相同行政区不同指标社区韧性的结果分析

小提琴图（violin plot）用于显示数据分布及其概率密度，是一种绘制连续型数据的方法，是箱形图和密度图的结合体，可用于正态分布数据和非正态分布数据。这种图表在小提琴图中，不仅可以获取箱形图的五数概括法的数据信息，即最小值（Lower Limit）、第一四分位数Q1、中位数Q2、第三四分位数Q3和最大值（Upper Limit），还显示了密度图的任意位置的密度。长虚线则为中位数，短虚线之间部分表示四分位数范围，黑色竖线代表较低/较高的相邻值。利用四分位数距离IQR设定下限界线−1.5 IQR（即1.5倍四分位差Inter-Quartile Range，简称IQR）和上限界线+1.5 IQR，位于"栅栏"外的值被视为离群值，如图9-5所示。小提琴图的横向宽度可以显示出数据分布特征，横向宽度越宽，则该位置对应的纵坐标数据越集中，较宽部分代表观测值取值的概率较高，较窄的部分则对应于较低的概率。

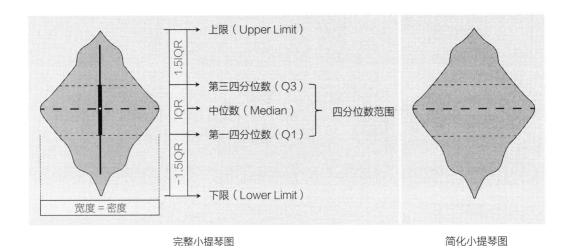

完整小提琴图　　　　　　　　　　　　　　简化小提琴图

图9-5　小提琴图概念解读

中位数是数据按数量大小排列以后求得的"中点"，可用来代表一组数据的"一般水平"，与数据的排列位置有关，不受数据极端值的影响，反映样本整体情况。众数是反映出现次数最多的数据，用来代表一组数据的"多数水平"，反映样本的局部特征。

通过对图9-6的关键性特征值的统计可得复兴区各韧性指标及综合韧性指标中位数及众数所属等级（表9-2），分析可得复兴区内可改造冗余建筑指标的中位数和众数等级均为韧性最差等级，共一项指标；公共服务设施多样性、定点医疗设施可达性指标的中位数和众数等级均为韧性较差等级，共两项；城市开放空间可达性指标的中位数和众数等级为韧性中等等级，共一项指标；冗余空间面积占比、人均公共空间面积、社区绿化率的中位数和众数等级为较高等级，共三项指标；社区医疗设施获得性、高层建筑楼栋占比和社区人口密度的中位数和众数等级为很高等级，共三项指标；然而综合韧性指标的中位数位于韧性中等等级，其众数落在韧性较好等级，说明整体数据向韧性较好方向偏移。

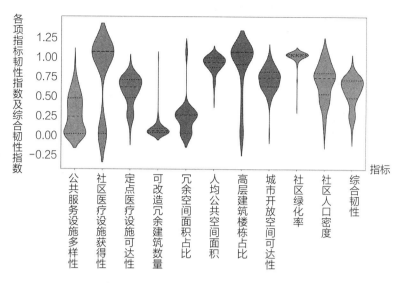

图9-6　复兴区各韧性指标及综合韧性指标指数小提琴图

复兴区各韧性指标及综合韧性指标中位数及众数所属等级　　　　表9-2

指标	中位数及所属等级		众数取值及所属等级	
公共服务设施多样性	0.02	IV	0.02	IV
社区医疗设施获得性	1.00	I	1.00	I
定点医疗设施可达性	0.58	IV	0.62	IV
可改造冗余建筑数量	0.05	V	0.02	V
冗余空间面积占比	0.26	II	0.27	II
人均公共空间面积	0.88	II	0.90	II
高层建筑楼栋占比	1.00	I	1.00	I
城市开放空间可达性	0.70	III	0.72	III
社区人口密度	0.97	I	0.97	I
社区绿化率	0.70	II	0.70	II
综合韧性	0.55	III	0.65	II

　　通过对图9-7的关键性特征值的统计，可得丛台区各韧性指标及综合韧性指标中位数
及众数所属等级（表9-3），分析可得丛台区内可改造冗余建筑数量指标的中位数和众数
等级均为韧性最差等级，共一项；区内无韧性较差等级的指标；公共服务设施多样性、冗
余空间面积占比指标的中位数和众数等级为韧性中等等级，共两项；定点医疗设施可达
性、人均公共空间面积、城市开放空间可达性指标的中位数和众数等级为较高等级，共
三项；社区医疗设施获得性、高层建筑楼栋占比和社区人口密度的中位数和众数等级为
很高等级；社区绿化率和综合韧性指标的中位数和众数所属等级不同，中位数落在韧性
中等的等级，众数落在韧性较高等级，说明这两项指标的整体数据向韧性较好方向偏移。

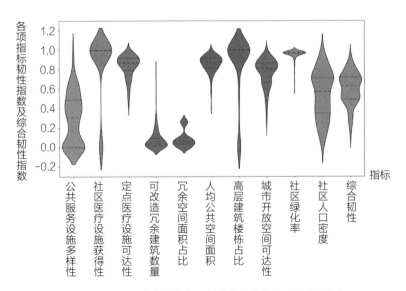

图9-7　丛台区各韧性指标及综合韧性指标指数小提琴图

丛台区各韧性指标及综合韧性指标中位数及众数所属等级　　　表9-3

指标	中位数及所属等级		众数取值及所属等级	
公共服务设施多样性	0.32	Ⅲ	0.02	Ⅴ
社区医疗设施获得性	1.00	Ⅰ	1.00	Ⅰ
定点医疗设施可达性	0.86	Ⅱ	0.90	Ⅰ
可改造冗余建筑数量	0.05	Ⅴ	0.05	Ⅴ
冗余空间面积占比	0.08	Ⅲ	0.05	Ⅲ
人均公共空间面积	0.86	Ⅱ	0.90	Ⅱ
高层建筑楼栋占比	1.00	Ⅰ	1.00	Ⅰ
城市开放空间可达性	0.80	Ⅱ	0.84	Ⅱ
社区人口密度	0.97	Ⅰ	0.97	Ⅰ
社区绿化率	0.58	Ⅲ	0.70	Ⅱ
综合韧性	0.60	Ⅲ	0.70	Ⅱ

　　通过对图9-8的关键性特征值的统计，可得邯山区各韧性指标及综合韧性指标中位数及众数所属等级（表9-4），分析可得邯山区内可改造冗余建筑数量指标的中位数和众数等级均为韧性最差等级，共一项；冗余空间面积占比韧性为较差等级的指标，共一项；综合韧性指标的中位数和众数等级为韧性中等等级，共一项；定点医疗设施可达性、人均公共空间面积、城市开放空间可达性指标的中位数和众数等级为较高等级，共三项；社区医疗设施获得性、高层建筑楼栋占比和社区人口密度的中位数和众数等级为很高等级；公共服务设施多样性指标的中位数和众数所属等级不同，中位数落在韧性中等的等级，众数落在韧性较低等级，说明这两项指标的整体数据向韧性较差方向偏移，

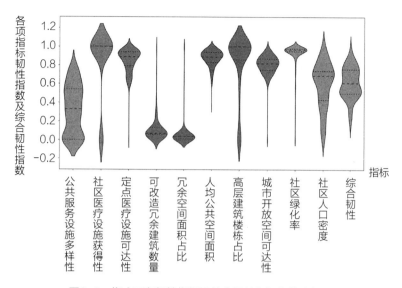

图9-8　邯山区各韧性指标及综合韧性指标指数小提琴图

邯山区整体的公共服务设施多样性韧性欠佳。

邯山区各韧性指标及综合韧性指标中位数及众数所属等级　　　　表9-4

指标	中位数及所属等级		众数取值及所属等级	
公共服务设施多样性	0.35	Ⅲ	0.02	Ⅴ
社区医疗设施获得性	1	Ⅰ	1.00	Ⅰ
定点医疗设施可达性	0.90	Ⅱ	0.95	Ⅰ
可改造冗余建筑数量	0.10	Ⅳ	0.05	Ⅴ
冗余空间面积占比	0.05	Ⅳ	0.04	Ⅳ
人均公共空间面积	0.00	Ⅱ	0.92	Ⅰ
高层建筑楼栋占比	1.00	Ⅰ	1.00	Ⅰ
城市开放空间可达性	0.84	Ⅱ	0.85	Ⅱ
社区人口密度	0.97	Ⅰ	0.97	Ⅰ
社区绿化率	0.70	Ⅱ	0.72	Ⅱ
综合韧性	0.60	Ⅲ	0.50	Ⅲ

　　通过对图9-9的关键性特征值的统计，可得主城区各韧性指标及综合韧性指标中位数及众数所属等级（见表9-5），分析可得主城区公共服务设施多样性指标的众数所属等级为韧性较差等级，该项指标在主城区内韧性相对最低；可改造冗余建筑数量、冗余空间面积占比两项指标中位数众数所属等级为韧性较差等级；人均公共空间面积、城市开放空间可达性和社区绿化率指标的中位数和众数等级为较高等级，共三项；社区医疗设施获得性、高层建筑楼栋占比和社区人口密度的中位数和众数等级为很高等级；定点

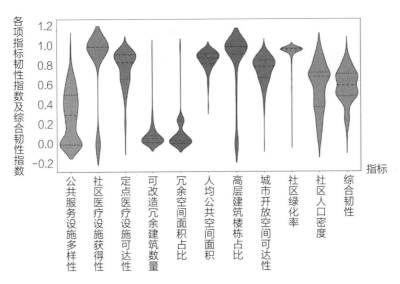

图9-9　主城区各韧性指标及综合韧性指标指数小提琴图

医疗设施可达性指标的中位数和众数分别落在韧性较高等级和韧性很高等级，则主城区整体的定点医疗设施可达性韧性理想；值得注意的是综合韧性指标的中位数为韧性中等水平，众数出现了双峰值特点，分别从属于韧性较高和韧性较低水平，说明主城区内社区的综合韧性水平高低参半。

主城区各韧性指标及综合韧性指标中位数及众数所属等级　　　　　　表9-5

指标	中位数及所属等级		众数取值及所属等级	
公共服务设施多样性	0.32	Ⅲ	0.02	Ⅴ
社区医疗设施获得性	1.00	Ⅰ	1.00	Ⅰ
定点医疗设施可达性	0.84	Ⅱ	0.94	Ⅰ
可改造冗余建筑数量	0.06	Ⅳ	0.05	Ⅳ
冗余空间面积占比	0.05	Ⅳ	0.05	Ⅳ
人均公共空间面积	0.90	Ⅱ	0.90	Ⅱ
高层建筑楼栋占比	1.00	Ⅰ	1.00	Ⅰ
城市开放空间可达性	0.80	Ⅱ	0.84	Ⅱ
社区人口密度	0.95	Ⅰ	0.97	Ⅰ
社区绿化率	0.70	Ⅱ	0.70	Ⅱ
综合韧性	0.60	Ⅲ	0.50和0.70	Ⅲ和Ⅱ

综上，通过对主城区和不同行政区小提琴图的各韧性指标及综合韧性指标中位数及众数所属等级的分析，总结了主城区及各行政区中位数与众数的韧性等级，见表9-6。

主城区及各行政区中位数与众数的韧性等级　　　表9-6

韧性等级	主城区		丛台区	
	中位数	众数	中位数	众数
I	社区医疗设施获得性、高层建筑楼栋占比、社区人口密度	社区医疗设施获得性、定点医疗设施可达性、高层建筑楼栋占比、社区人口密度	社区医疗设施获得性、高层建筑楼栋占比、社区人口密度	定点医疗设施可达性、社区医疗设施获得性、高层建筑楼栋占比、社区人口密度
II	定点医疗设施可达性、人均公共空间面积、城市开放空间可达性、社区绿化率	人均公共空间面积、城市开放空间可达性、社区绿化率、综合韧性	定点医疗设施可达性、人均公共空间面积、城市开放空间可达性	人均公共空间面积、城市开放空间可达性、社区绿化率、综合韧性
III	公共服务设施多样性、综合韧性	综合韧性	公共服务设施多样性、冗余空间面积占比、社区绿化率、综合韧性	冗余空间面积占比
IV	可改造冗余建筑数量、冗余空间面积占比	可改造冗余建筑数量、冗余空间面积占比	无指标	公共服务设施多样性
V	无指标	公共服务设施多样性	可改造冗余建筑数量	可改造冗余建筑数量

韧性等级	复兴区		邯山区	
	中位数	众数	中位数	众数
I	社区医疗设施获得性、高层建筑楼栋占比、社区人口密度	社区医疗设施获得性、高层建筑楼栋占比、社区人口密度	社区医疗设施获得性、高层建筑楼栋占比、社区人口密度	社区医疗设施获得性、定点医疗设施可达性、人均公共空间面积、高层建筑楼栋占比、社区人口密度
II	冗余空间面积占比、人均公共空间面积、社区绿化率	冗余空间面积占比、人均公共空间面积、社区绿化率、综合韧性	定点医疗设施可达性、人均公共空间面积、城市开放空间可达性、社区绿化率	城市开放空间可达性、社区绿化率
III	城市开放空间可达性、综合韧性	城市开放空间可达性	公共服务设施多样性、综合韧性	综合韧性
IV	公共服务设施多样性、定点医疗设施可达性	公共服务设施多样性、定点医疗设施可达性	可改造冗余建筑数量、冗余空间面积占比	冗余空间面积占比
V	可改造冗余建筑数量	可改造冗余建筑数量	无指标	公共服务设施多样性、可改造冗余建筑数量

　　主城区的各韧性指标及综合指标，韧性很高指标为社区医疗设施获得性、高层建筑楼栋占比、社区人口密度，定点医疗设施可达性指标由于中位数为韧性较高、众数为韧性很高，说明整体向韧性很高偏移；韧性较高指标为人均公共空间面积、城市开放空间可达性、社区绿化率；综合韧性指标由于中位数为韧性中等、众数同时为韧性较高和韧性中等，说明整体向韧性较高偏移；公共服务设施多样性指标由于中位数为韧性中等、众数同时为韧性较差，说明整体向韧性很差偏移；韧性较差指标为可改造冗余建筑数量、冗余空间面积占比；无韧性很差指标。

丛台区的各韧性指标及综合指标，韧性很高指标为社区医疗设施获得性、高层建筑楼栋占比、社区人口密度；定点医疗设施可达性指标由于中位数为韧性较高、众数为韧性很高，说明整体向韧性很高偏移；韧性较高指标为人均公共空间面积、城市开放空间可达性；社区绿化率和综合韧性指标由于中位数为韧性中等、众数为韧性较高，说明整体向韧性较高偏移；韧性中等指标为冗余空间面积占比；公共服务设施多样性指标由于中位数为韧性中等、众数为韧性较差，说明整体向韧性较差偏移；无韧性较差指标；韧性很差指标有可改造冗余建筑数量。

复兴区的各韧性指标及综合指标，韧性很高指标为社区医疗设施获得性、高层建筑楼栋占比、社区人口密度；韧性较高指标为冗余空间面积占比、人均公共空间面积、社区绿化率；综合韧性由于中位数为韧性中等、众数为韧性较高，说明整体向韧性较高偏移；韧性中等指标为城市开放空间可达性；韧性较差指标为公共服务设施多样性、定点医疗设施可达性；韧性很低指标为可改造冗余建筑数量。

邯山区的各韧性指标及综合指标，韧性很高指标为社区医疗设施获得性、高层建筑楼栋占比、社区人口密度；定点医疗设施可达性、人均公共空间面积指标由于中位数为韧性较高、众数为韧性很高，说明整体向韧性很高偏移；韧性中等指标为综合韧性指标；公共服务设施多样性指标由于中位数为韧性中等、众数为韧性很差，说明整体向韧性很差偏移；韧性较差指标为冗余空间面积占比；可改造冗余建筑数量指标由于中位数为韧性较差、众数为韧性很差，说明整体向韧性很差偏移；无韧性较差指标。

邯郸市主城区防疫型韧性社区建设，应重点提升韧性很差、韧性较差及整体向韧性较差、很差偏移指标，从主城区和各行政区来看韧性建设重点有所不同：

（1）从整体发展的角度，主城区应加强公共服务设施多样性指标和可改造冗余建筑数量指标；

（2）从各行政区协调发展的角度，丛台区和复兴区都应加强公共服务设施多样性、定点医疗设施可达性和可改造冗余建筑数量指标；邯山区应加强公共服务设施多样性、冗余空间面积占比和可改造冗余建筑数量指标。

9.3.3　不同行政区相同指标社区韧性的结果分析

以不同行政区各项韧性指标及综合韧性指标指数数据组为基础，通过 Python3.7平台调取Matplotlib的Seaborn绘图函数库对数组进行描述统计。如图9-10所示，公共服务设施多样性指数主城区呈现左偏趋势，呈现低韧性等级频率高、中等韧性等级较低、高韧性等级频率低的凹型特征，数值集中分布于［0～0.1），在0.2附近下陷，整体公共服务设施多样性指数差。该指标三个行政区与研究区域密度曲线趋势一致，但复兴区韧性较低频率略高于其他行政区，邯山区中等及高韧性频率略高于其他行政区。

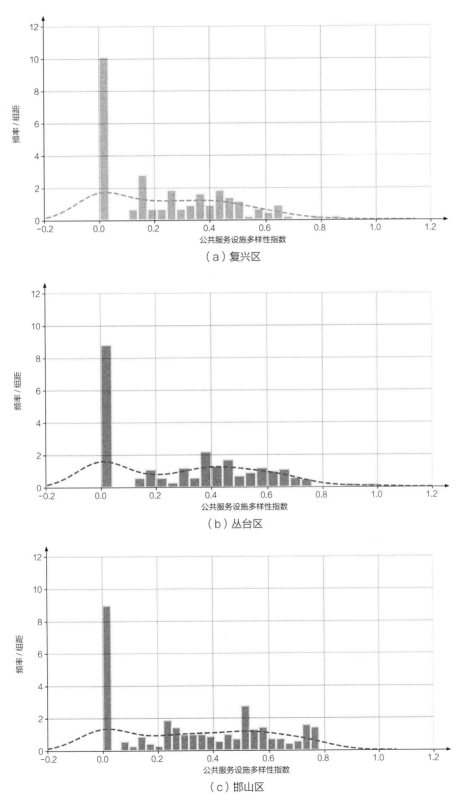

图9-10　公共服务设施多样性指数直方图和密度曲线图

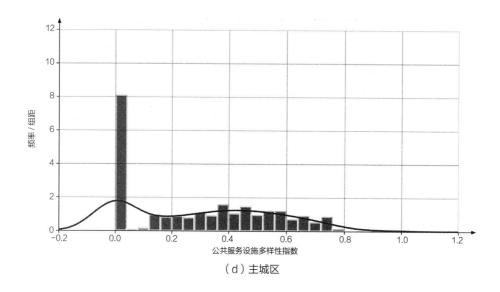

（d）主城区

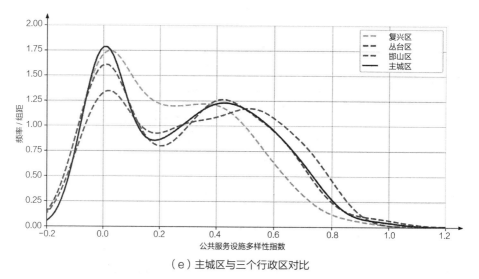

（e）主城区与三个行政区对比

图9-10 公共服务设施多样性指数直方图和密度曲线图（续）

如图9-11所示，定点医疗设施可达性指数主城区呈现右偏趋势，呈现低韧性等级频率低、中等韧性等级较高、高韧性等级频率高的单峰型特征，数值集中分布于[0.8~1.0)，在0.8附近微下陷，定点医疗设施可达性指数好。该指标三个行政区与研究区域密度曲线趋势一致，但复兴区0.2左右频率略上升、0.3左右频率下陷形成了双峰型特征，丛台区较高韧性频率明显高于其他行政区，邯山区无较低韧性频率。因此，主城区整体定点医疗设施可达性指数好，其中邯山区优于丛台区优于复兴区。

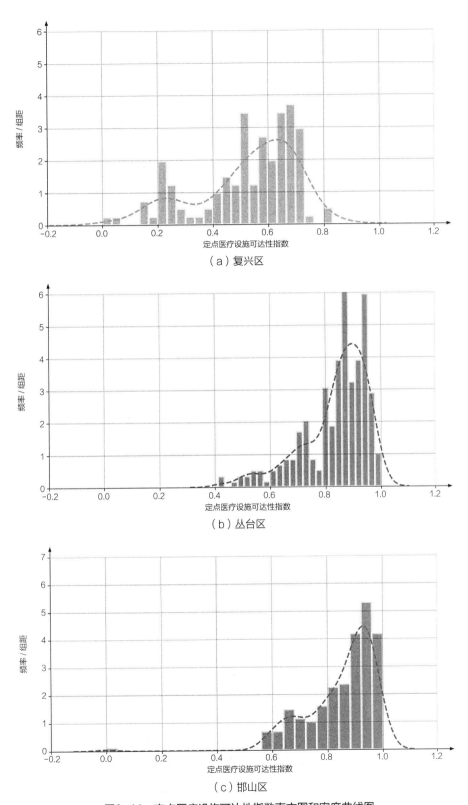

图9-11 定点医疗设施可达性指数直方图和密度曲线图

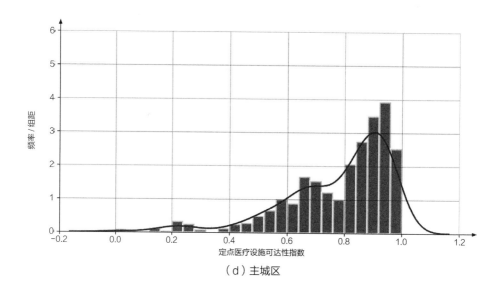

（d）主城区

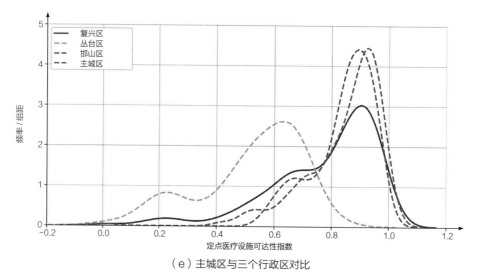

（e）主城区与三个行政区对比

图9-11 定点医疗设施可达性指数直方图和密度曲线图（续）

　　如图9-12所示，可改造冗余建筑数量指数主城区呈现左偏趋势，呈现低韧性等级频率高、中等韧性等级低、高韧性等级缺乏的单峰型特征，数值集中分布于［0.0～0.08），整体可改造冗余建筑数量指数差。该指标三个行政区与研究区域密度曲线趋势一致，复兴区较高韧性等级频率更高，丛台区中等韧性频率明显高于其他行政区，邯山区较高韧性频率区间比其他行政区向右偏移。因此，主城区整体可改造冗余建筑数量指数差，其中邯山区优于复兴区优于丛台区。

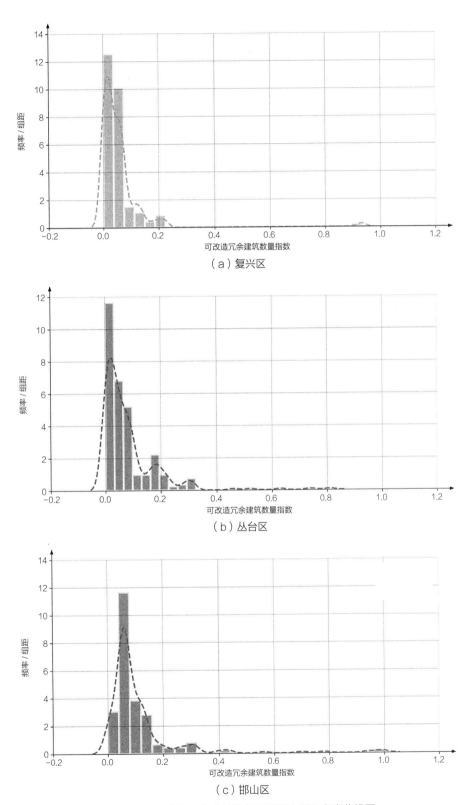

（a）复兴区

（b）丛台区

（c）邯山区

图9-12　可改造冗余建筑数量指数直方图和密度曲线图

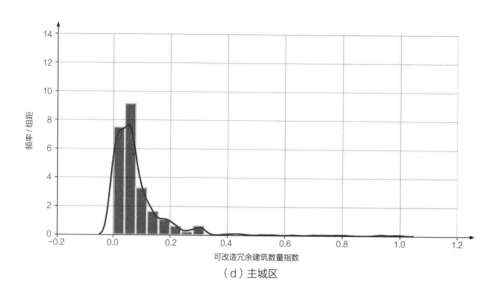

（d）主城区

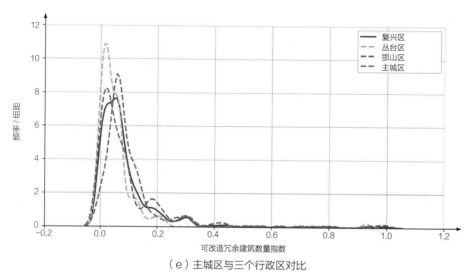

（e）主城区与三个行政区对比

图9-12　可改造冗余建筑数量指数直方图和密度曲线图（续）

如图9-13所示，冗余空间面积占比指数主城区呈现左偏趋势，呈现低韧性等级频率高、中等韧性等级频率较高、高韧性等级缺乏的双峰型特征，数值集中分布于［0~0.2），整体冗余空间面积占比指数差。复兴区、丛台区与研究区域密度曲线均为双峰型，丛台区曲线趋势与之一致，但复兴区呈现低韧性等级频率较高、中等韧性等级频率高、高韧性等级缺乏的特征，数值集中分布于［0.2~0.4）；丛台区呈现低韧性等级频率高、中等韧性等级频率较高、高韧性等级缺乏的单峰型特征，数值集中分布于［0~0.2）；邯山区较高韧性频率分布更集中。因此，主城区内整体冗余空间面积占比指数差，其中复兴区优于丛台区优于邯山区。

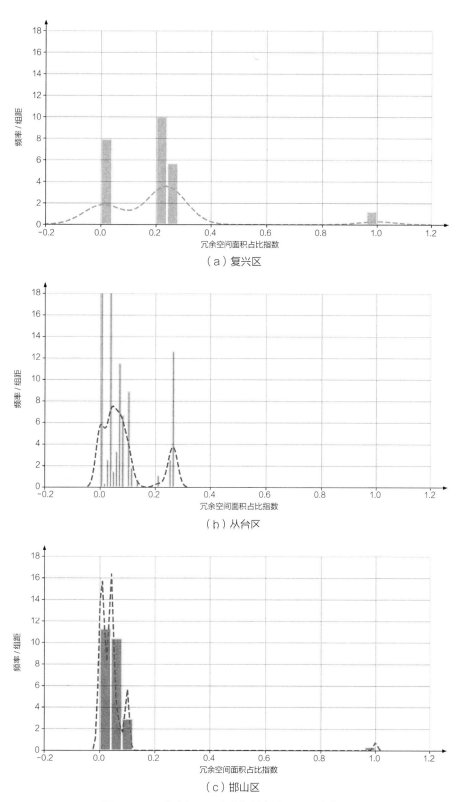

（a）复兴区

（h）丛台区

（c）邯山区

图9-13　冗余空间面积占比指数直方图和密度曲线图

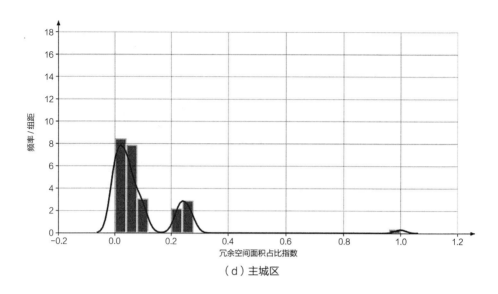

（d）主城区

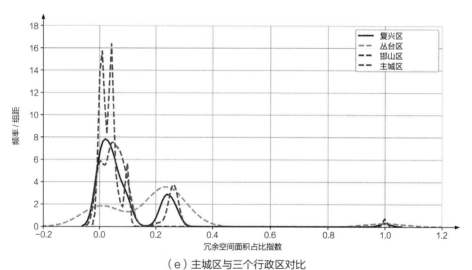

（e）主城区与三个行政区对比

图9-13　冗余空间面积占比指数直方图和密度曲线图（续）

如图9-14所示，人均公共空间面积指数主城区呈现右偏趋势，呈现低韧性等级频率低、高韧性等级频率高的单峰型特征，数值集中分布于［0.8～1.0］，该指标三个行政区与研究区域密度曲线趋势一致，差距不大且整体人均公共空间面积指数好。

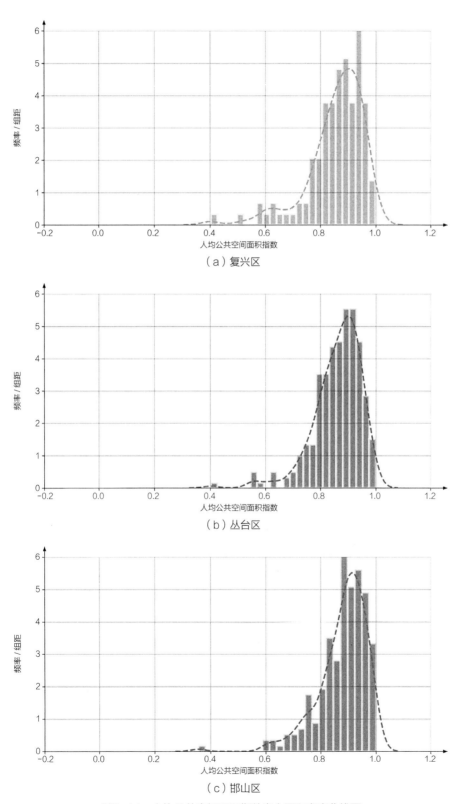

（a）复兴区

（b）丛台区

（c）邯山区

图9-14　人均公共空间面积指数直方图和密度曲线图

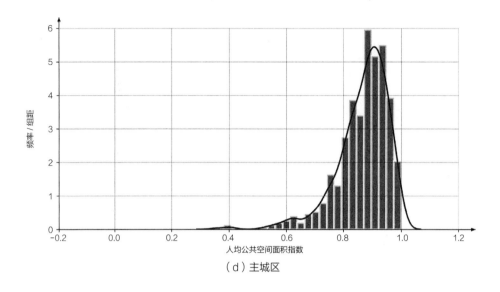

（d）主城区

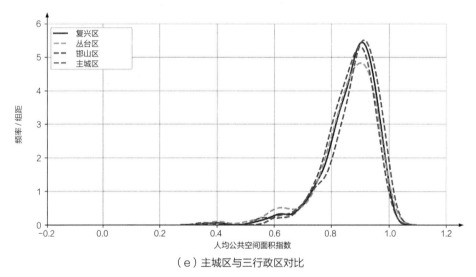

（e）主城区与三行政区对比

图9-14 人均公共空间面积指数直方图和密度曲线图（续）

如图9-15所示，高层建筑楼栋占比指数主城区呈现右偏趋势，呈现高韧性等级频率高、中等韧性等级频率很少、低韧性等级频率缺乏的双峰型特征，数值集中分布于[0.8～1.0]，整体高层建筑楼栋占比指数好。其他三个行政区与主城区密度曲线趋势一致。因此，主城区内高层建筑楼栋占比指数高，其中丛台区优于邯山优于复兴区。

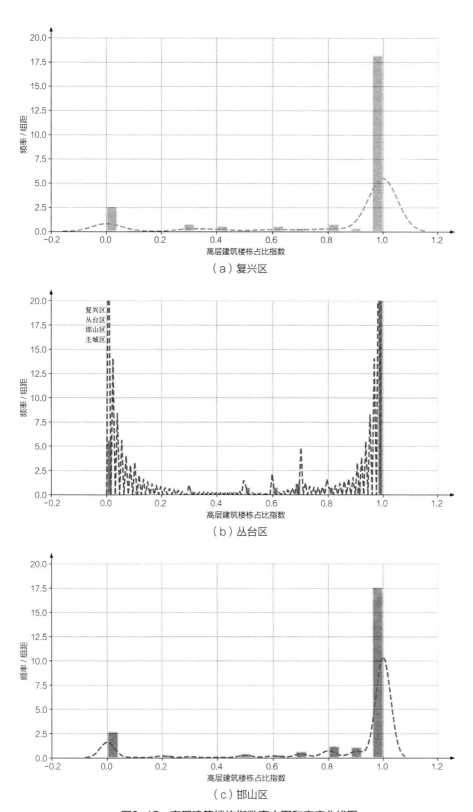

图9-15　高层建筑楼栋指数直方图和密度曲线图

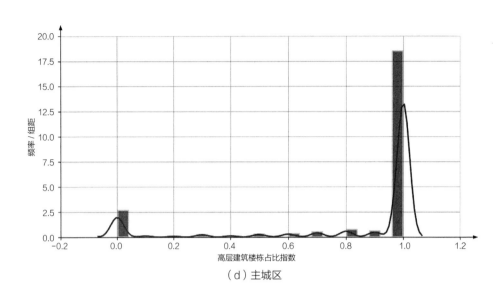

（d）主城区

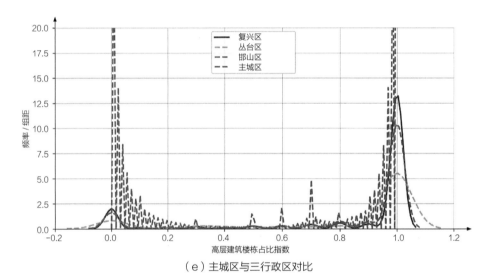

（e）主城区与三行政区对比

图9-15　高层建筑楼栋指数直方图和密度曲线图（续）

　　如图9-16所示，城市开放空间可达性指数主城区呈现右偏趋势，呈现低韧性等级频率低、中等韧性等级频率高、高韧性等级较高的双峰型特征，数值集中分布于 [0.8～0.88)，整体城市开放空间可达性指数高。三个行政区与研究区域密度曲线均为单峰型，但复兴区低韧性等级频率更为集中，邯山区低韧性等级频率缺失，复兴区、丛台区和邯山区的数值集中区间具有右偏特征，且邯山区的数值右偏特征更明显。因此，整体城市开放空间可达性指数较高，且邯山区优于丛台区优于复兴区。

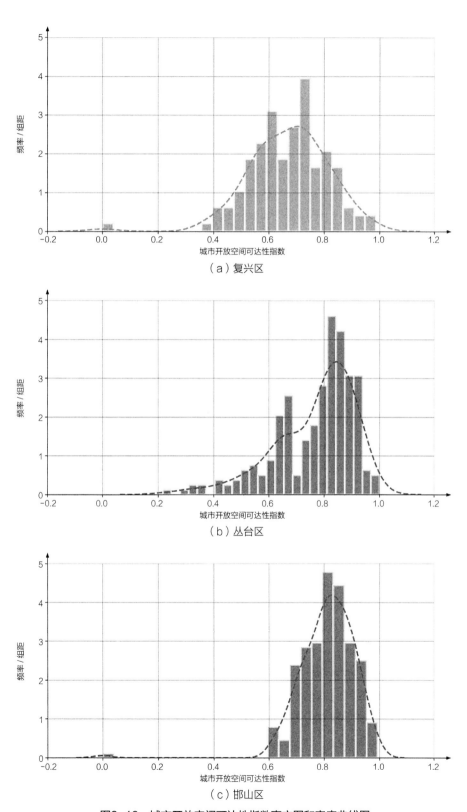

（a）复兴区

（b）丛台区

（c）邯山区

图9-16 城市开放空间可达性指数直方图和密度曲线图

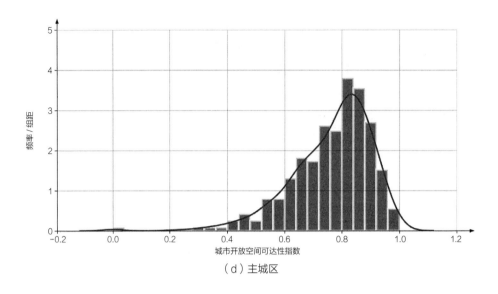

（d）主城区

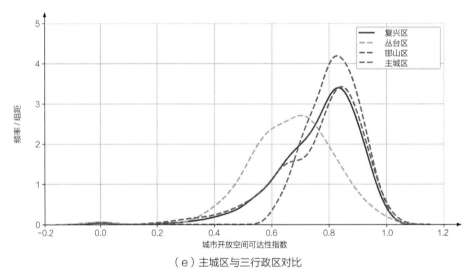

（e）主城区与三行政区对比

图9-16　城市开放空间可达性指数直方图和密度曲线图（续）

　　如图9-17所示，社区人口密度指数主城区呈现右偏趋势，呈现低韧性等级频率小、高韧性等级较高的单峰型特征，数值集中分布于［0.8~1.0），整体社区人口密度指数高。三个行政区与研究区域密度曲线均为单峰型，但复兴区低韧性等级频率更为集中。因此，整体社区人口密度指数较高，且邯山区优于丛台区和复兴区。

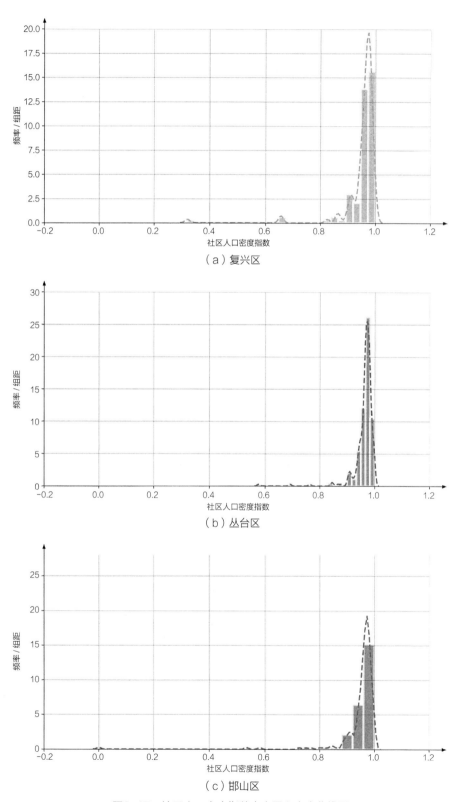

（a）复兴区

（b）丛台区

（c）邯山区

图9-17 社区人口密度指数直方图和密度曲线图

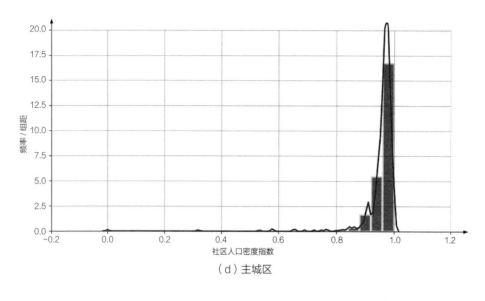

（d）主城区

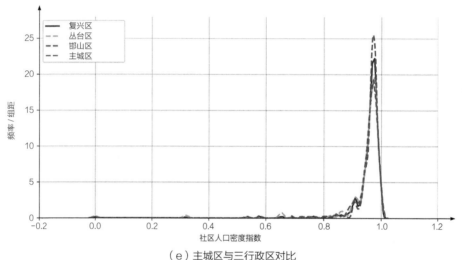

（e）主城区与三行政区对比

图9-17　社区人口密度指数直方图和密度曲线图（续）

　　如图9-18所示，社区绿化率指数主城区呈现右偏趋势，多段凹陷，存在中空区间，呈现低韧性等级频率低、中等韧性等级频率高、高韧性等级较低的凹陷不明显的双峰型特征，数值集中分布于［0.68，0.76），整体社区绿化率指数较高。三个行政区与研究区域密度曲线均为双峰型，但复兴区、邯山区韧性较高等级频率比丛台区更高，中等韧性频率区域丛台区高于邯山区和复兴区，低韧性频率区域邯山区高于丛台区和复兴区。因此，整体绿化率指数较高，且邯山区优于复兴区优于丛台区。

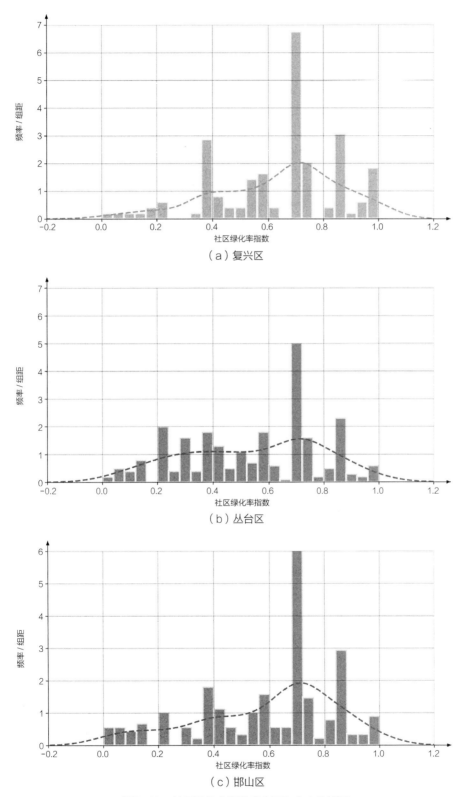

（a）复兴区

（b）丛台区

（c）邯山区

图9-18　社区绿化率指数直方图和密度曲线图

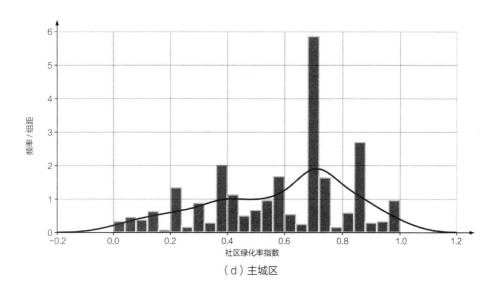

（d）主城区

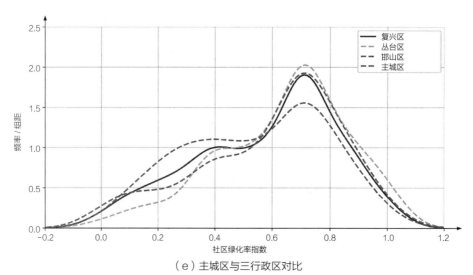

（e）主城区与三行政区对比

图9-18 社区绿化率指数直方图和密度曲线图（续）

　　如图9-19所示，综合韧性指数主城区大致居中分布，在0.6附近凹陷，呈现中等韧性等级频率高，低韧性等级频率和高韧性等级频率低，向两边对称分布的双峰型特征，数值集中分布于［0.44，0.56）和［0.64，0.76），整体综合韧性指数处于中等水平。三个行政区与研究区域密度曲线趋势一致，而数值集中分布情况有所不同，但复兴区韧性较高等级频率和较低等级频率均比丛台区和邯山区高，此外，丛台区和邯山区数值最集中分布区域偏向方位不一致，丛台区向韧性较高一侧，邯山区向韧性较低一侧。因此，整体综合韧性指数处于中等水平，且复兴区优于丛台区优于邯山区。

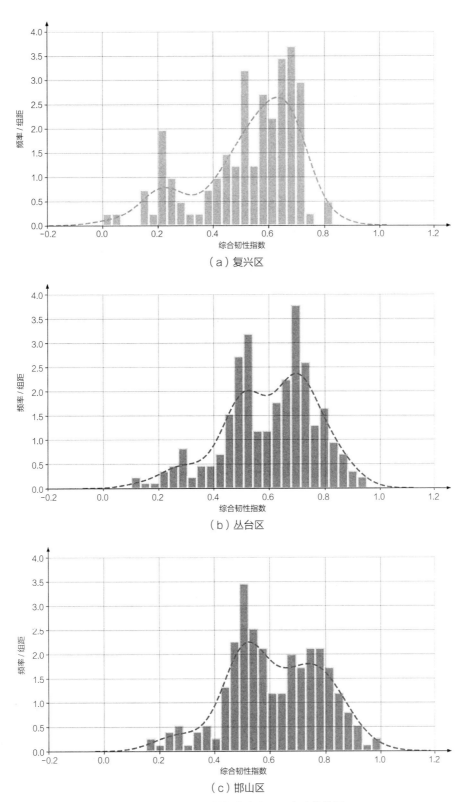

（a）复兴区

（b）丛台区

（c）邯山区

图9-19 综合韧性指数直方图和密度曲线图

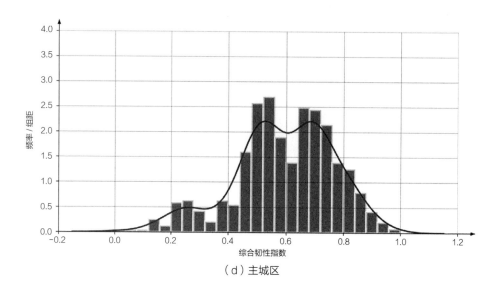

（d）主城区

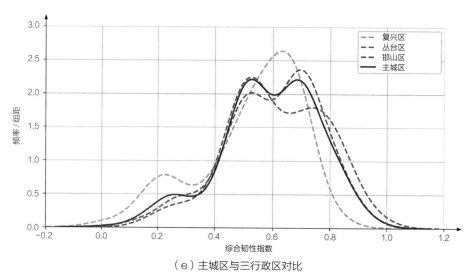

（e）主城区与三行政区对比

图9-19　综合韧性指数直方图和密度曲线图（续）

邯郸市主城区防疫型韧性社区建设，应重点提升各项指标韧性相比较差的行政区，各项指标在制定政策时应当着重建设存在明显短板的行政区。

（1）从各项韧性指标来说，丛台区应加强公共服务设施多样性指标、可改造冗余建筑数量指标、社区绿化率指标；复兴区应加强定点医疗设施可达性指标、高层建筑楼栋占比指标、城市开放空间可达性指标、社区人口密度指标；邯山区应重点建设冗余空间面积占比指标。

（2）就综合韧性指标来说，邯山区最差。

9.4 社区韧性指数空间及非空间均衡性分析

通过对邯郸市研究区域内全域及不同行政区防疫背景下社区韧性水平的评价和分布情况的分析发现，邯郸市不同行政区之间社区防疫韧性水平存在不均衡的特点，但其空间分布特征需进一步探讨，因此本书选用空间自相关分析及基尼系数等对社区韧性指数的空间和非空间均衡性特征进行深入研究。

均衡（equilibrium）概念是经济学中最重要的概念之一。这一术语来源于物理学，是指当一物体同时受两个外力或多个外力的作用且合力为零时，物体处于静止或匀速直线运动的状态。经济学中经济变量也会处于类似均衡状态。后来，均衡概念应用到城市发展程度、城市设施服务水平等城市问题的研究。在研究方法方面，传统的衡量城市区域差异性的指标从早期对比各个区域的人均 GDP，逐步发展到变异系数、极差、空间自相关指数、基尼系数和不对称洛伦兹系数等，并借助线性函数、地理加权回归模型、空间滞后模型及空间误差模型等探索影响因素。

实现均衡发展是联合国可持续发展目标的关注点之一，也是城市发展的努力方向和政策目标。同时党的十九大报告指出发展不平衡不充分已经成为满足人民日益增长的美好生活需要的主要制约因素。在防疫背景下，由于不同区域、不同社区城市资源禀赋存在巨大差异，因此邯郸市不同行政区和不同社区存在韧性能力分布不均衡的问题。因此，探索分析和定量评价邯郸市社区防疫韧性的均衡性具有重要意义。

9.4.1　空间角度社区韧性指数均衡性分析

在本节中主要应用空间自相关分析中的全局空间自相关和局部空间自相关分析空间的集聚或异常值并识别集聚和异常值的具体位置。根据地理学第一定律，任何事物都是与其他事物相关的，只不过相近的事物关联更紧密。

9.4.1.1　全局空间自相关分析

全局空间自相关分析主要用Moran's I 系数来反映整个研究区域内属性变量的空间聚集度。首先，全局Moran's I 统计法假定研究对象的值之间不存在空间相关性，然后通过Z检验来验证假设是否成立。

基于各项社区韧性指标的结果，其全局 Moran's I 指数计算公式为：

$$I_r = \frac{\sum_{i=1}^{n} \cdot \sum_{j=1}^{n} W_{ij}(K_i - \bar{K})(K_j - \bar{K})}{S_K^2 \sum_{i=1}^{n} \cdot \sum_{j=1}^{n} W_{ij}} \tag{9-1}$$

式中，I_r为各项社区韧性指标的全局Moran's I指数；W_{ij}为空间权重矩阵W对应的元素数值；K是第$i\sim j$个居住社区的指标数值；$\bar{K}$是第$i\sim j$个居住社区指标数值的平均值。

基于综合社区韧性指标的结果，其全局 Moran's I 指数计算公式为：

$$I_R = \frac{\sum_{i=1}^{n} \cdot \sum_{j=1}^{n} W_{ij}(K_i - \bar{K})(K_j - \bar{K})}{S_K^2 \sum_{i=1}^{n} \cdot \sum_{j=1}^{n} W_{ij}} \qquad (9-2)$$

通过对各项社区韧性指标和综合社区韧性指标的空间自相关分析，对得到的Moran's I 指数进行分析，得出相应的结果，Moran's I 结果解读见表9-7，计算结果如图9-20和图9-21所示，基于10项社区韧性指标，判断居住社区的各项韧性指数和综合社区韧性指数的空间相关性或空间集聚性，结果得出标准化值z值可作为聚集或离散的依据，以判断各项韧性指数和综合社区韧性指数的空间集聚性。全局Moran's I 是空间自相关回归方程系数的估计值，其取值范围为 [−1，1]。全局Moran's I 取值在（0，1），则为正相关，表示相同高值和相同低值相临接，即相同属性的集聚；全局Moran's I 取值在（0，−1），则为负相关，表示高低值间相临接，即相异属性的集聚；取值越接近于0，则表示属性随机分布，或者不存在空间自相关性。依据研究整理归纳可知Moran's I、z值和p值的解读，见表9-8和表9-9。

Moran's I 结果解读　　　　　　　　　　　　　表9-7

结果	解释
（$p>0.05$），p值不具有统计学上的显著性	不能拒绝零假设。研究对象值的空间分布很有可能是随机空间过程的结果。观测到的要素值空间模式可能只是完全空间随机性（CSR）的众多可能结果之一
（$p<0.05$，$I>0$），p值不具有统计学上的显著性	可以拒绝零假设，且研究对象的值存在空间正相关。"高高、低低"聚集分布的程度高于预期
（$p<0.05$，$I<0$），p值不具有统计学上的显著性	可以拒绝零假设，且研究对象的值存在空间负相关。"高低"分布的程度高于预期

资料来源：参考文献 [260]。

标准化z值对应程度分类　　　　　　　　　　　　表9-8

取值范围	<-2.58	$-2.58\sim-1.65$	$-1.65\sim1.65$	$1.65\sim2.58$	>2.58
程度	十分离散	明显离散	随机分布	明显集聚	十分集聚

资料来源：参考文献 [261]。

对各韧性指标及综合韧性指标的全局空间自相关计算结果进行分析，可以发现，在Moran's I指数上，大多数韧性指标在空间上存在正相关性，而人均公共空间面积、高层建筑楼栋占比、社区人口密度三项指标呈现随机分布。形成该现象的主要原因是：人均公共空间面积、高层建筑楼栋占比、社区人口密度三项指标属于社区内部因素，与小区内部的规划设计有关，且居住社区原有场地条件、建成年代、规模大小各不相同，从而削弱了在空间上的相关性，呈随机分布状态。

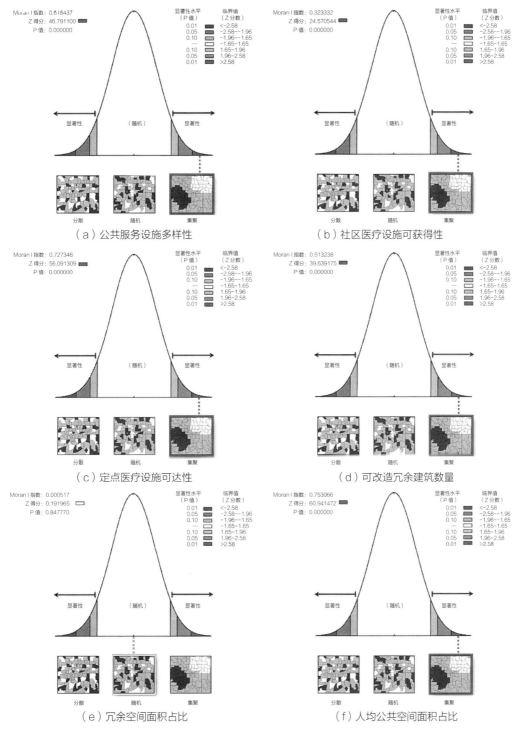

图9-20　各项社区韧性指标全局空间自相关Moran's I 指数计算结果

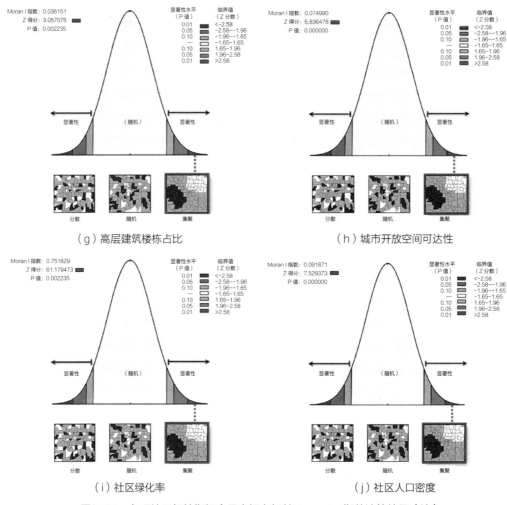

（g）高层建筑楼栋占比　　　　　　　　　（h）城市开放空间可达性

（i）社区绿化率　　　　　　　　　　　（j）社区人口密度

图9-20　各项社区韧性指标全局空间自相关Moran's I指数计算结果（续）

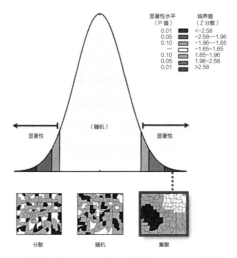

图9-21　综合社区韧性指标全局空间自相关Moran's I指数计算结果

各韧性指标及综合韧性指标的Moran's I、标准化z值和p值　　　表9-9

指标	Moran's I	标准化z值	p值
公共服务设施多样性 X_1	0.61	46.79	0.00
社区医疗设施获得性 X_2	0.32	24.57	0.00
定点医疗设施可达性 X_3	0.75	61.18	0.00
可改造冗余建筑数量 X_4	0.51	39.64	0.00
冗余空间面积占比 X_5	0.72	56.09	0.00
人均公共空间面积 X_6	0.04	3.05	0.00
高层建筑楼栋占比 X_7	0.07	6.84	0.00
城市开放空间可达性 X_8	0.75	60.94	0.00
社区绿化率 X_9	0.91	7.52	0.00
社区人口密度 X_{10}	0.00	0.19	0.84
综合韧性	0.54	44.24	0.00

在正相关分布的各项指标和综合韧性指标中，不同指标的Moran's I数值也有一定的差距。其中，定点医疗设施可达性、冗余空间面积占比、城市开放空间可达性三项指标Moran's I数值在0.70以上，空间相关性及集聚程度相对较高，这类指标的特点是它们所涉及的医疗设施、应急避难场所规划、城市开放空间的规划在城市规划中位置比较明确。公共服务设施多样性、社区医疗设施获得性、可改造冗余建筑数量三项指标Moran's I数值在0.70以下，有一定的空间相关性及集聚度。这类指标的特点是：所涉及的社区医疗设施和可改造冗余建筑特点是在城市规划中要求比较不明确，但选址集中在某类城市用地；而公共服务设施多样性指标虽选址集中在某类城市用地性质，但包括不同类型生活服务设施，内部变化性增大，空间相关性及集聚度较上一类有所减小，具有一定的空间相关性及集聚度。

9.4.1.2　局部空间自相关分析

聚类和异常值分析（Anselin Local Moran's I）工具可以识别具有统计显著性的空间异常值。可以用来辅助决策城市规划中更新空间的时序问题，在本节中识别居住社区各指标韧性指标及综合韧性指标相对低、韧性相对高、及韧性相对高和相对低的交错分布情况。按照低—低集聚区、低—高集聚区、高—低集聚区依次先后调整。社区韧性的局部空间自相关分析分布情况如图9-22所示。高—高聚类代表韧性较高的区域，低—低聚类代表韧性较低的区域。

整体上看，呈现由市中心向外环扩散的趋势，需加强周边居住区的韧性建设；低—高聚类表示由高韧性小区围绕的低韧性小区，自身韧性有待提升；高—低聚类表示由低韧性小区围绕的高韧性小区，所在片区的居住区韧性有待提升。在公共服务设施多样性方面，主城区东部地区韧性指数偏低；在社区医疗设施方面，北部靠外环区域韧性指数偏低；在可改造冗余建筑方面，主城区中心区域偏低；在人均公共空间方面，北部韧性指数偏低。低—低集聚区、低—高集聚区、高—低集聚区是日后改造更新的重点居住区。

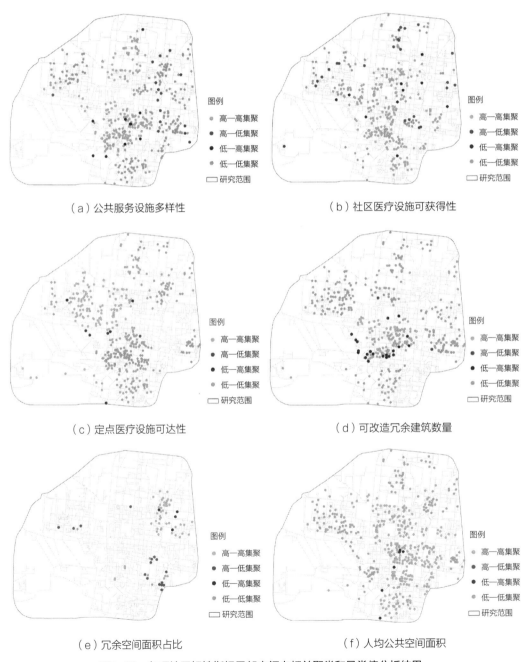

图9-22　各项社区韧性指标局部空间自相关聚类和异常值分析结果

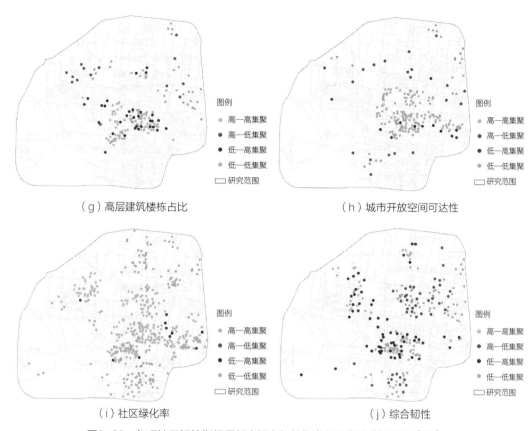

图9-22 各项社区韧性指标局部空间自相关聚类和异常值分析结果（续）

9.4.2 非空间角度社区韧性指数均衡性分析

洛伦兹曲线、基尼系数是一种最初用于经济领域的分析方法和指标，也用于卫生领域评价卫生资源配置公平性、城市教育的公平问题、碳排放空间分配的问题等。本节中以洛伦兹曲线、基尼系数工具评价社区韧性指数的均衡性。

9.4.2.1 洛伦兹曲线分析

最早洛伦兹曲线是收入分配分析的重要工具，为了研究国民收入在国民之间的分配问题，由美国统计学家M.O.洛伦兹（Max Otto Lorenz）于1907年提出。随后，其概念被不同领域广泛应用。在经济学中，用于探究城乡协调发展、产业集聚发展、居民的就业—居住均衡性等问题。在环境科学领域，应用于资源分配及均衡性分析（如碳排放空间分配、水资源的均衡性分析）和乡村生态空间分布格局分析等研究。在城乡规划领域，可用于分析城市空间或设施布局的均匀度、测度公共服务设施的服务水平、探究城市资源与人口匹配的公平性。同样，利用洛伦兹曲线对各个社区的韧性指标进行了均衡性分析，从而可以直观地观察到各项社区韧性指标的均衡性。

　　本书研究基于各项社区韧性指数和综合韧性指标，建立的图形以矩形作为基础，横坐标为从小到大的各项社区韧性指数和综合韧性指标指数累计值并将其五等分，纵坐标为各项社区韧性指数和综合韧性指标居民点从低到高的累计占比并五等分，最后连接横纵坐标的位置对应点，生成洛伦兹曲线。最后通过居民点累计占比和各项社区韧性指数及综合韧性指标指数累计占比，形成各项社区韧性指数和综合韧性指标的洛伦兹曲线。以社区韧性绝对平等线作为参照对象，观察其洛伦兹曲线曲率程度，曲率越大，指标分布愈不公平，反之，愈公平。采用该方法分析了各项社区韧性指数和综合韧性指标，结果如图9-23所示，社区韧性各韧性指标及综合韧性指标洛伦兹曲线对比图如图9-24所示。

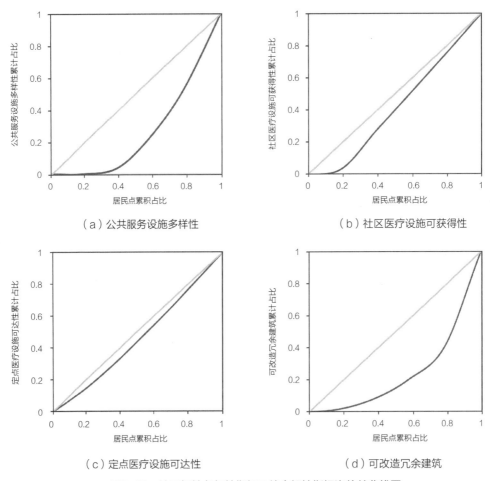

（a）公共服务设施多样性　　　　　　（b）社区医疗设施可获得性

（c）定点医疗设施可达性　　　　　　（d）可改造冗余建筑

图9-23　社区韧性各韧性指标及综合韧性指标洛伦兹曲线图

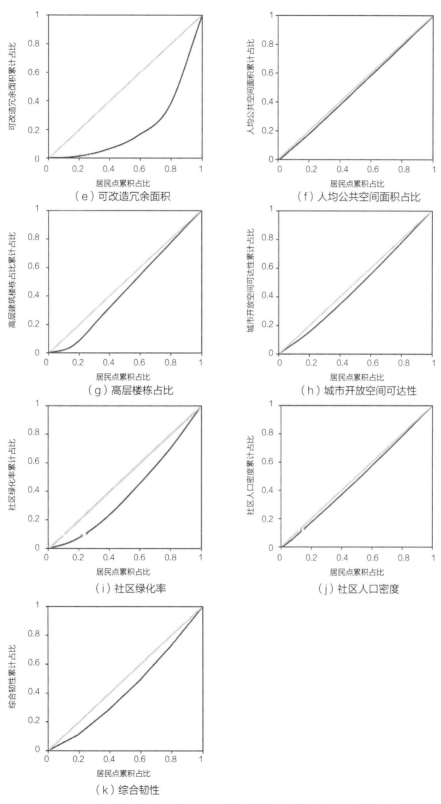

图9-23 社区韧性各韧性指标及综合韧性指标洛伦兹曲线图（续）

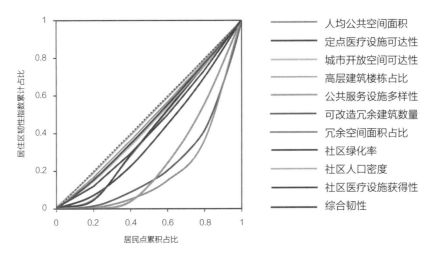

图9-24　社区韧性各韧性指标及综合韧性指标洛伦兹曲线对比图

从各项社区韧性指标来看：社区人口密度、人均公共空间面积、定点医疗设施可达性、城市开放空间可达性四项指标接近于绝对公平线，分布相对公平；冗余空间面积占比、公共服务设施多样性、可改造冗余建筑数量三项指标偏离绝对公平线最远，三项指标分布最不公平；社区医疗设施获得性、高层建筑楼栋占比、社区绿化率三项指标的曲线弯曲程度，介于以上两类之间，指标均衡程度适中。

从综合韧性指标来看：其指标均衡程度适中。

9.4.2.2　基尼系数分析

洛伦兹曲线和基尼系数之间有一定的相关性。通过对洛伦兹曲线的分析，可以得到基尼系数的定量结果，从而可以定性地反映各指标的均衡程度。最初赫希曼根据洛伦兹曲线提出基尼系数，以判断居民分配差异程度。一般采取如下方法计算基尼系数，其数值为该洛伦兹曲线与绝对公平线围成的面积S_1与绝对公平线下的面积（S_1+S_2）之比，如图9-25所示。若S_1为零，则基尼系数为零，表明收入分配没有差异；若S_2为零，则系数为1，收入分配差异绝对不平等。收入分配差异越小，所得洛伦兹曲线曲率越小，则基尼系数亦越小，意味着收入分配越均衡；反之，收入分配差异越大，所得洛伦兹曲线曲率越大，则基尼系数越大，收入分配越不均衡。

本书通过基尼系数的分析，对社区韧性各韧性指标及综合韧性指标分布的公平情况进行评估，以更全面地认识主城区社区韧性各韧性指标及综合韧性指标分布的

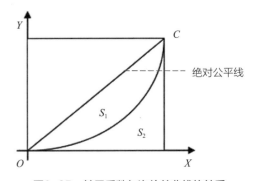

图9-25　基尼系数与洛伦兹曲线的关系

不公平性。基尼系数的计算公式为：

$$G_R = 1 - \sum_{i=0}^{n-1} (P_{i+1} - P_i)(S_{i+1}^R + S_i^R) \qquad (9-3)$$

式中，G_R为社区韧性各韧性指标及综合韧性指标的基尼系数；P_i为从$1 \sim i$个居住点的累计数量比例；S_i^R为从$1 \sim i$个社区韧性各韧性指标及综合韧性指标指数占各韧性指标及综合韧性指标指数总和的比例。

综合现有的国内外学者的研究，基尼系数的数值与均等性程度存在约定俗成的对应关系，见表9-10。通常把0.4视为"警戒线"，超过该值则说明数据组内的均衡性差异过大。

基尼系数分值与均等程度对应情况　　　　　　　　　　　　表9-10

均等程度	绝对均等	比较均衡	相对合理	差距较大	差距悬殊
分值	<0.2	0.2~0.3	0.3~0.4	0.4~0.5	>0.5

资料来源：参考文献［261］。

计算社区韧性各韧性指标及综合韧性指标指数的基尼系数，结果如图9-26所示，对其进行分析可知：

人均公共空间面积、高层建筑楼栋占比、城市开放空间可达性、社区人口密度四项指标处于绝对均等水平；社区绿化率处于比较均衡水平；公共服务设施多样性为差距较大水平；定点医疗设施可达性、可改造冗余建筑数量占比、冗余空间面积占比三项指标为差距悬殊水平。因此，公共服务设施多样性、定点医疗设施可达性、可改造冗余建筑数量、冗余空间面积占比四项指标均衡性较差，在日后需重点关注。

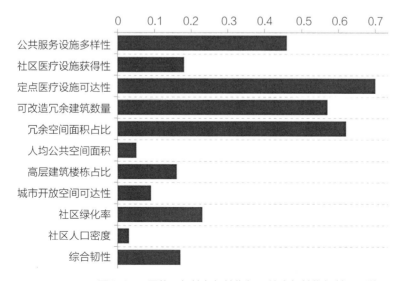

图9-26　居住区韧性各韧性指标及综合韧性指标基尼系数

本章主要对社区韧性指数空间及非空间均衡性进行分析，主要结论为：

（1）在空间均衡性方面，除了人均公共空间面积、高层建筑楼栋占比、社区人口密度三项指标呈现随机分布外，其余指标均为空间上存在正相关性；整体上看，呈现由市中心向外环扩散的趋势，需加强周边居住区的韧性建设；从各项指标来看主城区东部地区应加强公共服务设施的建设，北部靠外环区域需加强社区医疗设施和人均公共空间的建设，主城区中心区域可改造冗余建筑数量偏低。

（2）在非空间均衡性方面，人均公共空间面积占比、高层楼栋占比、城市开放空间可达性、社区人口密度、绿化率几项指标处于相对均衡；公共服务设施多样性、定点医疗设施可达性、可改造冗余建筑数量、冗余空间面积占比四项指标均衡性较差，在日后需重点关注。

本章是后文提出策略的现实依据，可为后期防疫型韧性社区建设、韧性城市更新提供重要参考。

第 10 章
社区韧性提升
策略

　　基于国内外的成功韧性社区实践案例以及对研究区域内社区防疫韧性能力的评价，本章从被动式防疫策略和主动式防疫策略出发，在提出韧性社区建设及优化原则的基础上，提出防疫视角下社区韧性提升的总策略，并从日常保障、医疗服务、应急系统、体力活动、降低传播风险五个方面提出居社区韧性的提升分策略。最后选取典型案例进行实例分析，针对韧性不足之处进行针对性改造提升。

10.1　社区防疫策略的类型

　　社区防疫策略主要分为两类，被动式防疫策略及主动式防疫策略。

　　被动式防疫，系指通过规划完善疫情期间所需各类空间及设施等，不需要多耗费额外的资源、能源和管理，就可以赋予居住场所相对固定的，适合于居住者的日常使用便利、有益于日常健康和防范重大传染病的属性，具有只需很小的能耗，不需要使用者的特别调节和看护，即能相对固定地长期、稳定发挥作用的优点。

　　主动式防疫，则系指在被动式设计的基础上，采用由电能或其他能源控制某种工具或系统来达到使用目的的措施总和，具有调节能力强、起效快的特点，但往往需要较多地耗费额外的资源、能源和管理，或带来其他的代价。例如，在疫期通过社区的管理手段采取的各类防疫措施；选择性地使用空调系统或排风机造成局部正负压以人为切断病毒在特定空间的传播路径；利用传感—运算—指令—执行多种设备联动，形成多种系统集成，通过算法组合联动的复杂系统平台，建设智慧社区，实现智慧安防、智能环节卫生监控、智慧基础医疗和康养、智慧健身、智能住区设备维护等，皆为主动式措施。

　　防疫的被动式策略和主动式策略，可谓防疫之经纬线，共同织就恢恢防疫之网，方可收疏而不漏之效，使社区真正成为我们的健康堡垒。

10.2　韧性社区建设及优化原则

　　1. 因地制宜原则

　　不同的社区因其位置条件、建设年代和社会结构等原因而呈现出截然不同的韧性特征，因此不同社区的韧性建设重点也不尽相同。需分析社区的韧性缺失方面，并根据社区经济、社区组织的发展情况，制定相应的社区韧性改造建议和对策。

　　2. 平疫结合、经济适用原则

　　灾难一旦爆发，造成的损失会很大，但灾难的出现概率很低，有很大的偶然性。这就造成了社区防疫韧性能力无法在很长一段时间里保持准备状态。社区防疫体系也无法与城市整体系统完全分离。所以，需要预先统筹规划有防疫适应性的强大有效的韧性社区，确保防疫韧性体系能够有效减少疫情的不利影响，同时也是降低社会投资的一种行之有效的途径。

3. 以人为本，公众参与原则

我们要明确提升改善社区韧性的最终目的是保障居民的生命安全和居民日常生活，提升社区居民福祉。在韧性社区的建设过程中，要充分考虑居民的需求，制定出满足社区居民疫情期间生活特点的社区规划和应急方案。社区韧性强调在疫前、疫中、疫后的全过程中，都要从居民需求出发，鼓励全过程的参与。

4. 常态性及可行性原则

韧性社区建设是"全周期"的概念，它包含三大基本要素：前期防疫，可以降低灾难的发生概率；疫时应对，可以抵御灾难的冲击，并能及时作出反应，减少灾难的损失；疫后恢复，把社区韧性建设与社区的经济效益和社会效益联系起来，增强韧性建筑的可行性。并将其融入社区的日常建设和生活中，将防疫防灾作为一种常态化的行为和观念，形成持久的社区建设动力。社区韧性体系的改造与优化，需兼顾疫时和平时居住环境的优化。

5. 智能化与演进性原则

智能化是今后各个领域和社区发展的必然趋势。信息化、智能化深刻地影响并极大地方便着人类的生活。因此，在城市社区的防疫能力建设中，还应大力推行智能科技，以构建智慧型防疫社区。同时，社区目前面临的防疫现状比较复杂，需充分积累实践经验，循序渐进地增强社区的防疫能力，使其具有渐进进化的韧性。随着智能技术的快速发展，新的软件和硬件可以被动态地运用，成为城市社区韧性建设的推动器。

10.3　防疫视角下的社区韧性提升策略

在城市规划层面，我国缺乏防疫规划编制。应从更宏观的层面提出社区韧性提升策略。结合上文分析，将韧性指标归纳为五个方面，如图10-1所示，从日常保障、医疗服务、应急系统、体力活动、降低传播风险等方面提出居社区韧性的提升分策略。前三个方面指标大多可通过被动式防疫技术提升，而后两个方面指标大多往往需耗费额外的资源、能源和管理才能达到，因此为主动式防疫。

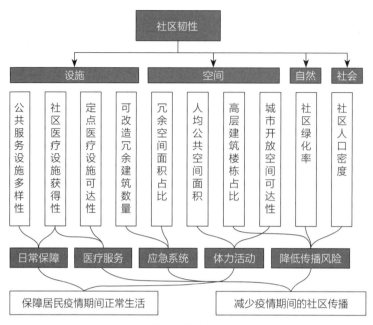

图10-1 社区韧性指标的五个层面

10.3.1 防疫视角下社区韧性提升总策略

10.3.1.1 将防疫规划融入城市灾害规划体系中，完善城市应急规划

目前城市规划都有灾害防治的专篇，一般包括防洪、抗震、消防、人防规划等许多灾害防御的部分，从规划编制方面来看，目前针对疾病治疗，防洪、火灾、地震、洪灾、人防规划等自然灾害，规划部门和相关行业部门组织编制了相应的医疗卫生、抗震防灾、防洪等专项规划，但对传染病防治考虑不足；从行业建设标准方面来看，国家制定了综合医院、急救中心等的建设标准，但缺乏综合性的城市防疫设施的相关标准以完善城市防疫专项规划。因此，应当编制防疫导则，落实以人民为中心的发展理念、增强城市应对重大疫情的防控能力、保障城市战略需要、完善规划体系、提升城市治理体系和治理能力的重要举措，以满足各个城市疫情防控的空间和设施需要，进一步推动将城市空间的治理纳入到公共卫生应急体系的所有环节，并通过多个部门、多个行业、多元主体协同实现城市空间的共建、共治和共享。以疫情为鉴，积极弥补城市规划、建设、治理的薄弱环节，健全和完善防灾减灾体系，尤其是公共卫生应急管理体制，编制防疫专项规划，提高社区卫生防疫水平，优化小区公共服务设施配置。形成社区居住用地、道路、绿地与不同级别的服务中心共同组成的城市结构。

在规划层面看，也应注重城市层面的市政排污设施规划、生活垃圾无害化处理、医疗卫生体系规划，包括传染病防治医院和类似方舱的城市紧急应对系统等更高级别的规划；在社区层面也要积极应对，完善"自上而下、自下而上"的规划响应体系。社区对外需要与城市关键性设施保持好的可达性，对内还要有合理的结构和配套服务设施布局，如图10-2所示。城市规划应在疾病和传染病的防控方面有相应的规划专项研究，对相应的要求和设计原则以及最终如何落实进行深入探讨。

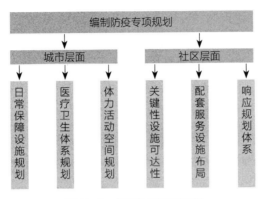

图10-2　编制防疫专项规划

10.3.1.2　优化社区规模，制定合理的防控单元

在街区—小区—组团—建筑单元这个空间规模序列中，我们应该在规划设计时有意创造出组团的明显界限，为疫情严重时更细地组织防控单元、管制流线提供有利条件，形成街区—小区—组团—建筑单元的多级防控单元，如图10-3所示。

从防疫角度，各单元间交通流线亦十分重要，规划设计时应着重梳理，包括人行动线、车行动线、物流动线、垃圾动线等，还有地上与地下之分。交通流线有序组织，不

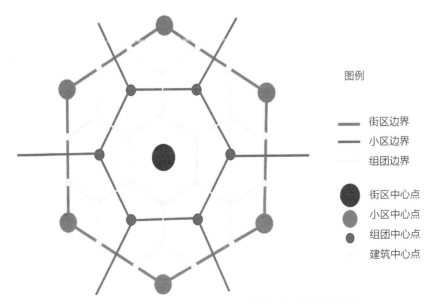

图10-3　"街区—小区—组团—建筑单元"空间防控体系

存在时间、空间交叉，对于减少疫情期间交叉感染的风险十分关键。具体平面组织应考虑平疫结合，参考传染病医院的"三区两通道"原则，对居住区流线进行等级划分并对空间进行洁污分区，如图10-4所示。单元楼栋视为清洁区，公共场所是缓冲区，小区大门视为污染区，在小区大门进行居民筛查和消杀处理，两通道并轨，其一为小区正常出入通道，其二为紧急通道，紧急通道可以结合地下人防通道用于从危险地区返回人员通行，设有更为严苛的病毒筛查和洗消程序。一旦出现疫情，社区—住宅小区—组团—建筑单元不同层级空间各自为防，井然有序。

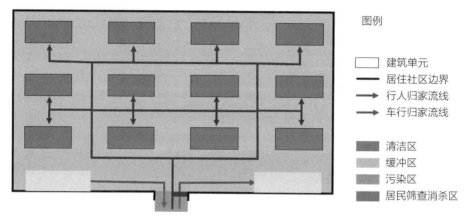

图例

☐ 建筑单元
— 居住社区边界
→ 行人归家流线
➔ 车行归家流线

■ 清洁区
■ 缓冲区
■ 污染区
■ 居民筛查消杀区

图10-4　防疫型社区平面组织概念图

10.3.1.3　智慧技术的应用

近几年，在大数据、物联网、5G等科技推动和渗透下，现代智慧住区建设迎来大发展。物联网、大数据、云计算、人工智能、5G、元宇宙是近年来发展最快的现代科技，从数字化到智能化，再到智慧化，已广泛渗透于各个领域。

在社区防疫方面，目前智慧社区的应用还是相对落后的。因此，社区防疫要积极接受现代化的技术，要建设高配置的智能网络，安装先进的智能设备，借助云端的强大运算能力，搭建大容量的平台，并以现实需求反作用于技术研究；要践行"防疫型社区的创建者"的责任，充分挖掘使用者的需求，利用这些智能技术的硬件与技术手段，营造一个相互联系的防疫型社区，以满足居民健康生活需要。智慧防疫型社区的建设更需要后期持续的运营和管理，反馈于建设和开发端并提出需求和建议，使科技的"智慧"更加匹配居民的实际需求。要发挥出智慧社区的功能，除了完善的管理体系建设外，人的要素是关键：智慧技术人才队伍的建设，物业管理团队对智慧防疫型社区架构的专业理解，对智能设备终端的熟练掌握。

在卫生防疫安全方面，应搭建集开发、建设、运营于一体的智慧社区平台。有针对性地搭建防疫联动系统方案，并制定日常卫生安全管理和疫情暴发应急使用操作流程，智慧平台的应用能使社区管理者从日常防疫繁琐事项中解放出来，大大节约人力成本且增加管理效率，发挥智慧社区的效能。提供日常紧急支持系统，提高市民的警觉性，高效使用硬件，做好应急准备，在紧急情况下最大限度地使用城市资源。还应基于多种智能产品和系统整合和联通，形成公共卫生防疫方面的成套方案。成套统一的标准，为社区如何建设防疫、韧性、可持续的智能城市提供便利和基准。基于防疫、韧性、可持续的目标，应当全面明确智慧城市建设下的居住区防疫综合服务平台的体系构架和功能要求、系统配置要求和安全要求等。

面对这场疫情，智能技术已初步实现了无接触式出入、深度学习监控人群聚集、App发布疫情通告。在未来，智能技术在住宅小区的防疫中，将会发挥更大的作用，例如病原体监测、精准追踪传播轨迹、有效组织流线预防交叉感染、指导居民健康生活、关爱老人、病弱等弱势群体等。

10.3.2 完善公共服务设施韧性，提高居民日常保障

从规划角度思考，社区规划应根据"5—15—30分钟生活圈"要求，于不同人口密度社区，在既有公共服务设施分级配置的基础上，重新梳理并完善日常服务支持系统，识别疫情防控期间能保持有效提供服务的基础性的支持设施，拟定标准化的服务能力要求。在《城市居住区规划设计标准》GB 50180中有关于配套服务设施的相关规划要求，按规定执行即可。其中，"最后一公里生活圈"的生活配套应着重强化，对于完善公共服务设施韧性方面，应该着重从以下几方面提升。

10.3.2.1 提升商业设施韧性

由于人们日常生活重心转移至社区，社区逐步成为集中销售点，价值凸显。目前，社区服务设施的供应方式以分散为主，以市场自主化为特征。随着人们生活水平的不断提高，公共服务设施总量不足、分布零散、设施功能不全、规模小、层次低等问题越来越突出。其根源是政府在市场导向下的管理与投资的缺失，导致了社区商业服务效率与公平、公益与营利之间的矛盾。因此，完善社区商业设施并使其均衡发展的前提是突出政府为主导，将社区服务功能集中化，形成设施集约、功能协同、空间复合、服务高效、公共开放的公共服务设施集合体，在疫情期间提供综合性服务，以更好地满足居民各类需求，如图10-5所示。另外，在建筑设计方面，住宅底层商业设施的设计存在隐患，往往是单面门面，单侧开门开窗，无法形成有效通风，加上大量商户自行不规范改造室内设备，存在卫生隐患。建设期应当加强审查和验收，运营期卫生防疫部门也应监督检查到位。

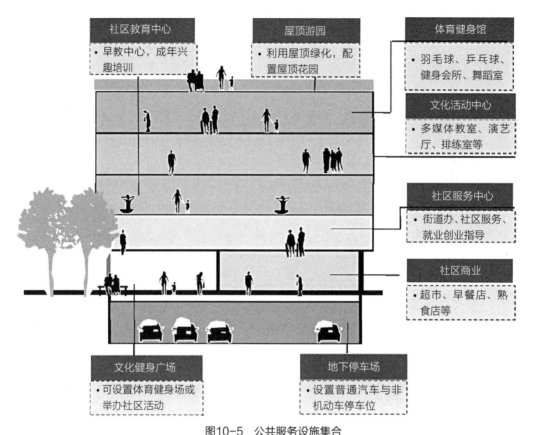

图10-5 公共服务设施集合
（资料来源：《济南15分钟社区生活圈专项规划研究——基础研究报告》）

10.3.2.2 基本保障设施的物资供应

从基本保障设施的物资供应系统来说，疫情暴发期由于民众恐慌和抢购造成市场化的物资供应系统可能短期瘫痪。应将城市社区的基本物资供应的设施如菜市场、药店、部分便利店等统一登记入册，制定应急物资预案，形成应急物资的供应网络，在疫情期间主导供应并充分满足社区居民基本的吃、穿、住、行需求。此外，相关预案还应明确储备应急物资的重要性并规划有相应储存设施。在疫情发生期间具有韧性的社区系统，除了应强化系统本身的物资和社区服务保障体系外，还需在提供这些保障服务的过程中注意切断病毒接触传播途径并即时筛查被感染的社区居民，以免其成为新的感染来源后再传染其他易感人群，造成疫情传播扩散。在社区的公共设施设计上，应采用高效、简洁的流线，以楼面为最优，避免与常规的流线相交，并保证通风良好，且设有独立的排水系统，便于物资供应和管理，也避免疫情期间交叉感染。建议由城市防灾规划统筹，统一制定标准，并纳入城市防疫网络系统统一规划。基本保障物资供应系统的构架如图10-6所示。

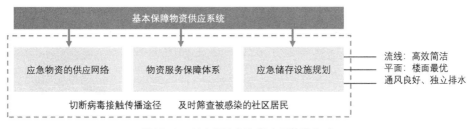

图10-6　基本保障物资供应系统的构成

10.3.2.3　提升物流设施韧性

在物流设施方面，社区应当强化物流设施的建设，提高生活物资的供应能力，同时多小区应统筹协调，共同灵活增设日常物资仓储、配送设施存放等预留发展空间，满足特殊时期紧急应变能力。网络和物流行业的快速发展使得生活基础需求的解决可以得到更有效率的保障。可将社区粮店、无人药店、中小型超市、菜市场、无人便利店、理发店等生活必须配套设施对接城市物流网络，在社区内部有相应的配置，以确保供应和基础服务。也可利用网络资源满足一些更加多样化、个性化的服务。针对新建小区，应根据居住分级配置要求，规划超市、菜市场、便利店、社区医疗和药店等居住生活配套设施，并且对响应服务设施进行完备的防疫管理，使其既满足社区服务要求又有效阻断疾病传播。

在日常生活中，网购已经成为一种日益重要的消费形式，在日后物流设施规划应将物流流线作为重要的流线来认真考量，并要兼顾其便利性与安全性。我们应为各住宅小区专门开辟快递物流空间，并与其他流线分开。大部分快递应该避开小区大门通过中转柜投递，设置快递员在墙外派送、用户在墙内收取的双面开门的智能快递柜，或住户也可以在墙内发送快递，双开门的快递柜可确保疫情期间无接触，降低病原体从小区外通过快递传递给居民住户的风险，同时减轻物业管理的成本负担。融创的"超级前台"就采用了这种方式，如图10-7所示。为了进一步增加使用便利性以及减少传播病原体的风险，双面快递柜应按尺寸模数设计，分为普通柜、冷藏柜、保温柜和包装回收箱，基本能源主要来源于光伏，并在柜体顶部设有制热制冷所需的热交换机以节能，并带有紫外线功能，有效消杀病原体，切断病毒通过快递传播的路径。还可无接触扫码开启柜门，物业可提供其他人性化服务，如纸袋或一次性手套、小推车等，并进行定时消杀灭菌。未来，随着快递物流量的增大，在小区围墙处应根据供需关系靠近不同楼栋位置合理设置双面快递柜的位置及数量，既减轻人力成本又减少住户之间交叉感染的风险。但对于行动不便者，需要快递员出示出行证、扫健康码等方式，将大件商品送至户门。

随着人工智能技术的发展，未来快递物流行业也应充分发展无人配送技术，在都市中普及，以智能配送代替人工配送，降低成本并提升物流效率，且降低人们通过快递配送、收取暴露在疾病传播中的风险。快递员每日接触人流量大，属于高风险暴露人群，

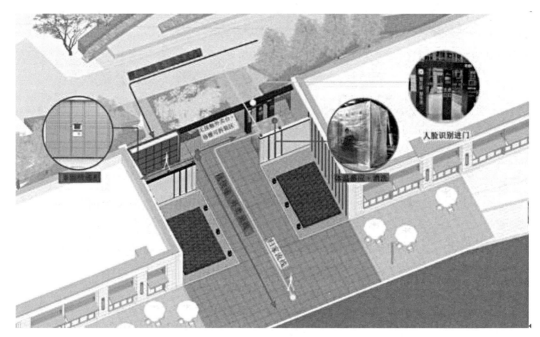

图10-7　融创的"超级前台"

一旦是病毒携带者，其传播效率和范围无疑是普通人的多倍且影响范围广。运用"云控"技术可减少人工配送的传播风险，无人配送车可独立完成配送物资，实现无接触配送。也应大力发展自动驾驶的物流货车与社区内无人配送车相结合的物流方式，两者在社区边界的中转站接力，实现更全面的无接触配送，更有效地减少病原体在人际间的传播。

10.3.2.4　提升康体设施韧性

在社区康体设施方面，要加大社区体育设施、多功能体育场馆等体育场所的建设力度。首先加强对城市康体设施配置标准的研究。目前，我国有关公共体育设施建设的政策、法规还存在着等级低、配套差、体系差等问题。

为了提升康体设施的韧性，在城市规划方面提出如下建议（图10-8）：

（1）制定邯郸市主城区合理的社区健身设施布局标准，促进城市公共体育事业的发展。同时，为了确保项目的顺利实施，在城市公共设施建设规范中还应包括体育设施的配置标准，明确每个配备标准和配置内容，并将其纳入到各个单位的控制性详细规划中。

（2）构建分类分级的公共体育设施，在此基础上结合居民的居住特点，充分考虑体育设施的服务人数和等级配置，构建层次合理、功能互联的体育设施的网络化空间格局；针对设施非营利性、非排他性、非竞争性的特征，在郊野公园、城市公园、绿地、城市空置场所等基础设施的基础上，制定允许在非运动场、临时用地上修建公共体育设施的管理办法。

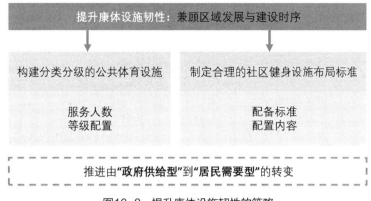

图10-8　提升康体设施韧性的策略

（3）促进城市公共体育设施的改革，在供应方面，借助社会力量促进公共体育设施建设，总体规模继续扩大，优化内容的结构，提高发展质量，促进社区体育设施的发展。推进由"政府供给型"到"居民需要型"的转变，既能保证其供应水平能充足有效地满足居民的实际需要，又能兼顾到某些社会群体的要求。除此之外，设施供应还要考虑到兼顾区域发展与建设时序，以发展人口多、现有设施韧性差的城市为重点，提高邯郸市主城区的公共体育设施的整体服务水平，推动社会公平。

在对康体设施的设计上，应融入防疫理念。纽约市当局的一些做法值得参考：为了避免人群拥挤，根据新冠病毒疫情相关指南划定安全的社交距离，并以此为最小半径在公园草坪上限定出白色圆圈的空间，可视化地为使用者固定了活动领域，从而减少疫情传播。

10.3.3　构建分级医疗设施，加强医疗体系建设

10.3.3.1　建立均衡的医疗设施空间布局规划体系

对于城市规划人员而言，当前急需解决的是在疫情期间的医疗资源（特别是医疗机构）的空间分布。根据邯郸市主城区现有的空间特点，必须对分级医疗设施的层次结构进行分析，指出医疗设施的等级、数量、规模、布局既要与城市布局相结合，又要适应其服务规模和人口规模，构建符合分级诊疗要求的医疗设施布局。构建公共卫生专业机构、综合医院、专科医院、基层医疗机构"多位一体"的防治体系，主要内容如下：

（1）合理划分医疗机构的级别，明确市级、区级、社区级、小区级医疗机构的分级诊疗和紧急救治的任务、职责、分工，做到日常就医方便有效、危急时有序高效。

（2）根据城市规模，各级医疗机构用地规模和建设规模必须符合其服务人群规模需求，确保在常态下充分发挥其分级诊疗功能，同时研究在不同类型和不同等级公共卫生事件下各级医疗救治设施所必需的弹性救治容量、用地规模和建筑规模。分级诊疗要实现各级医疗机构的选址、用地和规划建设。

（3）医疗设施布局需合理均衡，根据服务覆盖面、救治职责和救治能力来合理安排，在一定服务范围内分散布局医疗设施：按不同级别，使其分布更广、更均衡，有利于实现分级诊疗，更合理地分配医疗资源。

（4）对控制性详细规划进行全面的梳理，针对短板，精确落实用地建设要求，尤其要确保区级、社区级的用地和建设需求，在实践中不断完善规划建设指标要求，以强有力的手段在规划管理中实行控制。

10.3.3.2　强化和提升次级医疗设施配置，提高建设标准，满足分级诊疗的要求

邯郸市级医院需有高素质高专业水平的医务人员，配备足够的科研人员、足够的医务设备，能够治疗大病小病；区级医院虽然没有足够的资源支撑，但也足够应付普通病及慢性病；而社区医疗设施没有足够的医疗设施，只能提供简单的治疗、配药、打针等辅助工作。

所谓分级诊疗，就是根据疾病的大小、种类、紧急程度，到不同的医疗单位进行治疗。这样可以充分发挥各级医疗机构的作用，把大病患者送到上级医院治疗，小病患者到基层医疗机构治疗，既不耽误病人的病情，又能充分利用医疗资源。常见病症在区级乃至社区医院都能诊治。重症和不明原因的传染性疾病，一般都是在高级医院就诊，但初级的诊断可以通过基层医疗机构来进行，只有在病因无法筛查或无法治疗的情况下，才被转到高级医疗机构进行治疗。基层卫生机构数量多、分布广，在疾病的早诊和早筛中起着关键的作用，能够有效地缓解医院的拥挤，避免由于病人聚集而造成的院内交叉感染。今后，要进一步细化区级及社区医院的规划与建设，提高规划与建设水平。

因为分级诊疗涉及不同层次、不同类型的医疗机构，因此，需要多层级医疗机构共同合作诊疗同一疾病。在此过程中，难免会出现职责不清、推诿怠工的局面。因此，在保证医疗资源供需匹配的前提下及在一定半径的区域范围内，可以选择区域或行政区域中的主要医院派出专家作为领导和牵头人。特别是目前，由于城市医院的医疗资源过于集中，加上不同级别医院医护人员的专业水平存在差距，导致了大量的居民集中就诊。所以，要加强区域医疗合作，高端医疗资源下入基层，同时要加强地区医院的专业技术人才和设备配置。

10.3.3.3　改变医疗资源"错配"现状，增强基层医疗机构资源配置

目前，医疗资源的分配过于集中，大医院的医疗人员、医疗器械配备水平较高，导致了对就医人员的绝对吸引力，形成了各大医院之间的"级差"。只有适当地将优质的医疗资源下沉，强化区、社区两级的医疗人员、设施配备，合理赋权和赋责，才能真正实现基层医疗机构的"全科""首诊"的功能。充分利用我国公立医疗资源自上而下分配的体制优势，可以按照城市的发展需要，在一定的地域范围内，满足人口服务容量，

从而形成一个完善的分级医疗系统。其次，在医疗资源短缺的情况下，应盘活不同等级医院的人员、床位、设备、技术、管理等方面资源。各级医疗机构要建立信息共享平台，保障医疗资源的流动，并将其延伸到基层，实现高质量、高水平的医疗服务。从"错配"到"适配"，实现"分级"。

社区卫生服务应当做到预防、治疗和保健相结合，突出重点群体，在日常生活中体现公平、系统连续的特点。在规划上，应在特定的步行范围内结合生活圈规划，以满足居民的预防、治疗、康复、健康促进等需求。此外，不同社区间还可实施互助，以缓解城市医疗资源不足的压力。也可将绿地与公众活动场地相结合，将医疗、生活等综合起来，形成一个"区域性的韧性中心"，在突发事件时，可以进行改建，作为临时的避难所。在此基础上，进一步完善社区卫生保障工作，增加社区"健康小屋"、无接触自助医疗设施等。

疫情时城市医疗资源需用于患者，情况严重时会导致物资的短缺，社区应积极进行一些相应医疗和其他物资的储备，如临时性隔离物资，以及消毒物资、便携空气清洁和过滤系统等，防止因医疗资源不足和医疗挤兑的情况下社区功能的失调。充气帐篷等物资在紧急防疫期间会对出现疫情的社区的隔离和中转起到非常有益的作用，必要情况下也可成为支持城市"方舱"的物资，应进行一定数量的储备。意大利在新冠疫情期间就采用了类似充气结构的建筑作为临时医院。由于结构气密、保温较好并能够迅速移动，增加部分消毒设施还能一定程度上保证其空间的清洁性。因此，社区医疗资源物资等应由社区适度储备以在紧要关头使用。另外，在发热门诊的城市位置规划上，要保证居民能够在较短的时间内及时就医，尽量降低因长期接触而造成的传播危险。考虑到社区的疫情需要，也要保证平时一般性的医疗和健康服务设施能够在紧急情况下迅速转化为紧急救护场所，为突发性、大规模疫情提供支持。

对于构建分级医疗设施、加强医疗体系建设的措施，如图10-9所示。

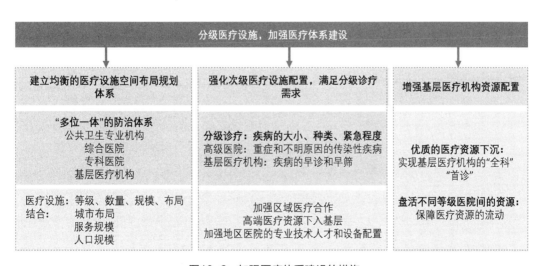

图10-9　加强医疗体系建设的措施

10.3.4 完善城市应急规划，注重城市社区冗余度

所谓"冗余"，字面上的意思是"多余的"，这里指的是在紧急情况下，一座城市可以在短时间内快速启动响应，用于人员疏散、避难、隔离、物资储备以及政府指挥等作用的空间或建筑实体。原则上，"冗余度"是指在重大公共安全事故的初始阶段和可控阶段，确定该状态下城市运转所需容量限制，利用该容量限制，可以有效地控制城市正常功能急剧变动，尽可能地延缓事态的发展。规划要根据不同的公共卫生危机程度进行应对，特别是建立灵活的、弹性的应急救治设施体系。它既能协调于城市的空间布局、人口分布、交通网络，又适应于当前的分级诊疗体系和城市管理模式，同时具有应对突发公共卫生事件的应急反应能力。鉴于以上分析，应对城市应急体系"弹性单元""弹性模块""弹性街区"进行前瞻性的规划，如图10-10所示。

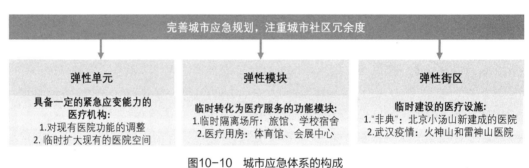

图10-10 城市应急体系的构成

10.3.4.1 弹性单元

"弹性单元"是指在紧急情况下，具备一定的紧急应变能力的医疗机构，可以根据需要，对现有的医院功能进行调整（例如将常规病房改为传染病病房），或者为紧急情况临时扩大现有的医院空间。

对于普通病区成为传染区的基本流线为"三区两通道"，通过平面流线组织实现，三区指的是清洁区、污染区和半污染区，相邻两区之间由"卫生通过"和"缓冲区"联系起来。这样可以有效地切断传染病的传播路径。在流线组织上，主要有医护流线和病患流线两种方向不同的流线，将整个医院区进行严格的分离。同时，洁物和污物流线也有严格的分离。以上流线模式促生了传染病防护物理空间的条件。再配合水、电、暖通设备的防控要求，实现完整的"弹性单元"，如图10-11所示。

2020年中国工程建设标准化协会制定的《新型冠状病毒感染的肺炎传染病应急医疗设施设计标准》T/CECS 661—2020规定，新建应急医疗设施选址宜利用现有医疗设施的空地或邻近地块，并应符合下列条件：一是地质条件应良好；二是市政配套设施应齐备；三是交通便利；四是应急医疗设施周边应设置不小于20m的安全隔离区，且应远离

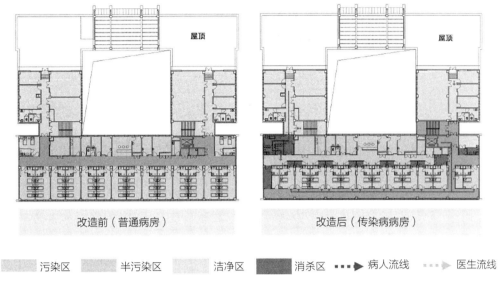

改造前（普通病房）　　　　　　　　改造后（传染病病房）

▨ 污染区　▨ 半污染区　▨ 洁净区　▨ 消杀区　▪▪▶ 病人流线　▪▪▷ 医生流线

图10-11　常规病房改为传染病病房

人口密集场所和环境敏感地。应急医疗设施功能配置合理，建筑布局及人流、物流组织应有序、安全、高效。应注意疑似病人流线组织的特殊性。建筑功能分区包括接诊区、医技区、病房区、生活区、后勤保障区。急救设施的布置要按照流行病学的程序来划分：清洁区、限制区（半清洁区）、隔离区（半污染区、污染区）。相邻的部分应该有对应的卫生通道或隔离室。医务人员和病人之间的交通流线要严格区分，洁净和污染的运输应当分别设置专用的路径，并且不能相交。

10.3.4.2　弹性模块

"弹性模块"是指在紧急情况下，可以临时转化为医疗服务的功能模块，比如将现有的旅馆、学校宿舍改造为暂时的隔离场所，将体育馆、会展中心改造为医疗用房（比如方舱医院）。

为了提高突发公共突发事件的应急处置能力，应采取"平疫结合"的设计方法。体育场馆从设计上预先考虑便捷地接入医疗设备的可能性，以便在需要之时迅速投入应用，如图10-12所示为武汉洪山体育馆的改造方案。以此为鉴，在重大工程项目的规划设计中，要提前考虑到应对突发事件的可操作性，提前储备专业队伍、充足材料、畅通渠道。在将来的大型公共建筑空间的设计和建造中，应该考虑日后可改造成方舱医院，并对可能产生的问题有前瞻性的思考，比如使用可迅速拆除的设备，有足够大的入口处放置床位，还有减少感染的通风系统。不光平面功能，设备上、供水供电供暖、信息化都要全面地考虑，提高安全系数，有利于为今后的突发公共突发事件提供一定的保障。

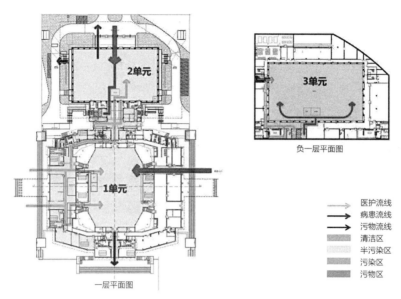

图10-12　武汉洪山体育馆的改造

　　此外，考虑疫情发生时各大医院为风险较高的地区，因此社区本身的公共设施如社区会所、老人活动中心、健康小屋等采取部分隔离的技术措施，必要时可以作为疫病流行期临时隔离设施，作为城市应急医疗体系的补充，便于轻症、无症状感染者中转过程中就近集中管理。

10.3.4.3　弹性模块

　　"弹性街区"，是用来对付大规模流行传染病，为城市建设提供临时的医疗设施。比如，"非典"期间的北京小汤山新建成的医院，武汉的火神山和雷神山医院（图10-13、图10-14）。

　　尽管规划布局本身探讨的是长期固定的建筑及城市布局，但仍应适当预留弹性空间，可根据不同的状况进行相应的临时性调整，以适应某些过去的规划布局中对于防疫问题考虑不足的短板，提高突发事件应急能力。

图10-13　火神山医院

图10-14　雷神山医院

10.3.5　加强开放绿色空间建设，增加居民体力活动

减少人们在社区交叉感染的概率是疫情期间的需要，但是没有产生疫情的时候人们往往希望营造更多交往和交流的机会，开放绿色空间则是主要场所，不仅可发挥其生态作用，同时为邻里社交提供场所。这就对实际应用时如何兼顾二者提出了考验。

10.3.5.1　加强社区公共空间建设

在现有规划限制下增加公共空间面积并提高空间质量。在我国的大城市，很多住宅区用地容积率都较高，规划设计应尽量减低建筑密度，提供更多的户外场地，使户外场地拥有领域感、更加实用、安全卫生，并开发地下空间、底层架空、露台空间、屋顶花园，特别是利用好底商、会所等屋面，通过构建立体绿化，提升社区的公共空间和整体环境。此外，应着重配置社区公园、小区游园及小型公共空间（如口袋公园、街头公园、文化健身广场）等，并增加社区公共空间的共享性，如图10-15所示。

从防疫角度，注重公共空间的通风与采光的设计，以及运维消洗措施。将小区公共空间分为如下几个部分来阐述：按日照相关规范，小区公共绿地、活动场地应选在阳光充足、通风良好的地方，尤其是儿童活动场所、老人活动场所、宠物活动场所，宜设驱蚊灯或在适当位置设置诱杀蚊虫的设备，不建议设置静水湿地，及时清理干草等杂物，保持良好的卫生条件，避免滋生病原体等。应在适当位置配备冲洗用水点位，并配有消毒洗手液和用品，使居民在户外活动时可进行清洗与消毒，养成良好的个人卫生习惯。

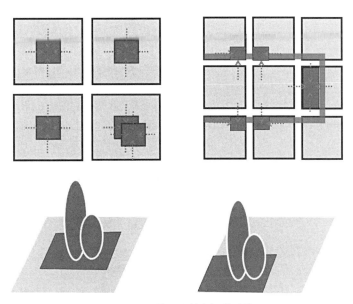

图10-15　社区公共空间的改造

10.3.5.2　加强城市开放空间建设

除了社区内部应提供充足开放空间之外，在大型城市公园之外，还应充分利用自然河岸、绿化隔离带、街角公园等空间，形成丰富多样的活动空间，研究表明小型的城市开放空间使用效率更高。加强空间尺度的均衡化，保证公共开放空间的公平分配，并在有效的服务区域内进行空间布局。可根据城市开放空间分布现状，重点关注规模不足的区域，有针对性地加强。组合不同功能类型，完善内部活动空间与设施，并提高城市开放空间的品质。形成多层次的城市开放空间，提高空间可达性及空间分布均衡性，降低居民出行时间成本。提高到达城市开放空间的便利性，应当积极构建慢行交通系统，让步行和骑行出行更加适宜，优化慢行环境，提高适宜性，并重视空间引导性。针对不同年龄、不同偏好特点的居民的需要，突出丰富的活动功能，使各种人群各得其所，促进用户的融合，提高城市空间的可用性。

此外，考虑人群聚集的因素，较大的空间可适当分隔分散设置活动场地以避免人流聚集形成交叉感染，在设计上可参考韩国隐形面具公园案例，纵横交错的人行道路的交叉点是高低错落的，从而起到保持社交距离的作用，如图10-16所示。在儿童游乐场地周边设置大人或老人休息的座椅，疫情期间不宜进行挖土挖沙等项目，可考虑在小区内设置共享儿童自行车和卡丁车等服务，但需积极做好玩具消毒措施。从防疫角度，有相对充足的公共空间的社区往往日光充足，阳光可杀死很多病毒，有效抑制细菌、真菌的滋长。城市开放空间的日照品质应逐步被更加注重，获得较为充足的日照，促进户外活动的增加，增强居民免疫力。

图10-16　首尔隐形面具概念设计图

10.3.6　社区管理，行为防疫

10.3.6.1　增强社区预案科学化管理，提高社区应急管理能力

健全应急管理制度，完善社区应急预案体系。要明确各部门的职能和权限，建立区域应急联络制度，并定期进行交流沟通。同时，要建立一体化的工作机制，全方位考虑到医疗应急组织体系、管理体系、日常管理、应急联动和事后评价等不同方面，以达到资源补充的目的。应急预案的目的是为了做好突发事件的准备与管理。社区要健全应急预案，纳入各级各类应急预案和专项处置方案，并结合辖区实际，制定符合辖区处置要求的应急预案或流程。并在实际演练中提高方案的针对性和实操性。对于贫困的家庭或有残障人士的家庭则需要更为惠民的政策和资金以及在服务方面更多的支持方能渡过难关，因此对于相对困难的居住者，在特别时期也应拟定相关预案弥补社区防疫短板。

强化区域医疗合作管理平台，健全应急物资保障体系。整合医疗信息体系，消除医疗信息孤岛，实现医疗信息的交流和共享。构建区域公共卫生协同监管平台，将疾病监控与医疗应急指挥决策系统连接起来，并进行统筹管理。建立区域公共健康协同监测平台，将疾病监测和应急指挥决策有机地结合起来，形成一个结构完整、运行高效的区域公共卫生信息系统，以增强综合应急指挥能力。根据不同地区的人口、突发事件的发展趋势，社区中心应制定应急物资储备方案，并对其进行登记维护。主要物资包括消毒工具、检测工具、临时性隔离和中转运输设施等。

10.3.6.2　利用现代化技术，打造智慧化社区

加强智慧社区的建设，建立一个统一的环境信息公开平台，有利于实现管理智慧化，对疫情防控是必不可少的。可利用互联网、物联网、大数据等智能化技术和信息技术，构建社区大数据管理平台，收集并分析数据，实现对社区的有效防控和管理。具体措施如下：

线上为社区居民办理社区电子通行证，通过智能门禁、人脸识别、虹膜识别、无接触测温等技术，实现全程无接触智能社区管理，将防疫落实到家庭、个人，确定社区居民的通行情况、社区设施配备以及管理措施，减少感染风险；网上发布的社区物流信息和交易协调平台、网上代购、社区周边水果店的订单、自提、配送到户，实现线上线下的无接触购物模式；同时，大数据平台还能追溯、跟踪确诊患者，识别疫情的传播人群和传播区域，实时更新小区周围感染者的信息、路径、医疗急救设施的位置与剩余床位情况，用于居民风险预报、疫情预报等，实现精准管理，提高防疫与救治效率，提升社区科技韧性。

10.3.6.3　加强人员队伍建设，建设社区精英团队

加强应急队伍建设，规范培训机制。卫生应急培训是医疗人员应对突发事件的能力提升的重要途径。培训不但可以让医务工作者在紧急事件发生时，提高他们的自信心，还可以帮助社区医务人员提高应急实践技能，提高处理紧急情况时的心理素质。社区需制订年度应急训练与演习方案，增加训练与演习次数，并及时评估成效。政府、社会组织、民间团体应加大在社区、商场、学校等各种场所开展对传染病防治知识的宣传教育，使广大市民知晓传染病防治知识，做到群防群治，有效地防范传染病的传播。充分考虑社区管理与社区教育、社区信息服务等方面的结合，在社区层面做好无感染者时的有力防控，有感染者时积极高效地处理问题。根据社区布局的区别，进行差异化和有针对性的科学、人性化管理。

10.3.6.4　增强居民防护意识，鼓励居民参与社区管理

社区是一个共同体，在防疫工作中，社区的社会关系对防疫工作起着至关重要的作用。通过社区资源的调动，增强社区群体凝聚力，充分发挥社区小群体的特点，注重人性化管理，强化社区居民的认同感和凝聚力，动员社区义工开展防疫宣传，提高社区居民的防疫意识，协调社区居民与社区组织机构，对社区居民的外出进行核查，协助社区居民开展防疫工作，并上报疫情，降低对外来人员和感染者的隐瞒。社区应由居民共同缔造，以达到社区自治、社区协作、重塑社区精神、提高社区防疫韧性和公共管理水平并构筑社区防疫防线。

对于作为行为防疫的社区管理，如图10-17所示，应从应急管理体系构建、智慧技术应用、居民参与社区管理等多维度出发，进行社区的管理。

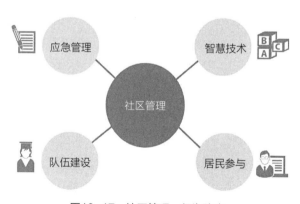

图10-17　社区管理，行为防疫

10.4　防疫视角下的社区韧性改造设计

10.4.1　社区选取思路

（1）在综合韧性评价结果中筛选出"韧性很差"等级的社区，见表10-1；

（2）确定社区所在行政区，再次筛选目标社区，根据4.3.3节内容可知邯山区综合指标最差；

（3）计算所选邯山区每个居住社区的各项韧性评价指标"韧性很差"等级累计数量；

（4）根据局部自相关结果得出社区的集聚类型均为低—低集聚区，社区改造策略应为片区改造；

（5）最终确定隆德园小区、绿德源小区、赵都新城·缇香花舍、赵都新城·光和园四个居住社区所在区域为改造对象，并采取片状更新的策略。

韧性很差等级社区相关信息　　　　　　　　表10-1

社区名称	所属行政区	韧性很差指标个数	局部自相关结果
春光小区	丛台区	6	低—低集聚区
御景江山城	丛台区	6	低—低集聚区
翠园	丛台区	5	低—低集聚区
荣盛·锦绣花苑	丛台区	5	低—低集聚区
紫薇苑小区	丛台区	5	低—低集聚区
万浩吉祥	丛台区	5	低—低集聚区
华浩活力城	丛台区	5	低—低集聚区
水岸春天	丛台区	5	低—低集聚区
左岸枫桥	丛台区	5	低—低集聚区
仁达花园	丛台区	4	低—低集聚区
欣甸佳园	丛台区	4	低—低集聚区
创鑫阳光城	丛台区	4	低—低集聚区
苹果怡园	丛台区	4	低—低集聚区
北海庄园	丛台区	4	低—低集聚区
丰通国际蓝郡	丛台区	3	低—低集聚区
计委家属院	丛台区	3	低—低集聚区
丛东街道中煤社区新春厂街16号院	丛台区	3	低—低集聚区
春厂小区	丛台区	2	低—低集聚区
军苑小区	丛台区	2	低—低集聚区
柳林国粹嘉苑	丛台区	1	低—低集聚区
邯郸洗选厂生活园区	复兴区	7	低—低集聚区

社区名称	所属行政区	韧性很差指标个数	局部自相关结果
中铁三局桥隧公司二社区	复兴区	5	低—低集聚区
丰泰丰逸小区	复兴区	5	低—低集聚区
六二社区	复兴区	5	低—低集聚区
利民苑小区	复兴区	6	低—低集聚区
邯郸市前百家小区	复兴区	5	低—低集聚区
后百家小区	复兴区	5	低—低集聚区
邯郸集团化肥公司3号院	复兴区	5	低—低集聚区
新欣佳苑	复兴区	4	低—低集聚区
箭岭小区（西区）	复兴区	4	低—低集聚区
箭岭小区（东区）	复兴区	4	低—低集聚区
兴隆·城市西景	复兴区	4	低—低集聚区
金色漫城	复兴区	4	低—低集聚区
希望山城	复兴区	4	低—低集聚区
汇景阁	复兴区	4	低—低集聚区
百家乐园生活小区	复兴区	4	低—低集聚区
金泽苑	复兴区	4	低—低集聚区
邯郸集团化肥公司4号院	复兴区	4	低—低集聚区
旺景苑小区	复兴区	3	低—低集聚区
化工1居委楼	复兴区	3	低—低集聚区
岭南小区	复兴区	3	低—高集聚区
金碧苑	邯山区	6	低—低集聚区
隆德园小区	邯山区	5	低—低集聚区
邯郸县瑞鹏苑小区	邯山区	4	低—低集聚区
东柳西街五号院	邯山区	4	低—低集聚区
祺府苑小区	邯山区	4	低—低集聚区
颐景蓝湾	邯山区	4	低—低集聚区
罗城头一号院	邯山区	4	低—低集聚区
三堤小区	邯山区	4	低—低集聚区
赵都新城·缇香花舍	邯山区	4	低—低集聚区
赵都新城·光和园	邯山区	4	低—低集聚区
绿德源小区	邯山区	4	低—低集聚区
赵都新城盛和园	邯山区	4	低—低集聚区
东方小区	邯山区	3	低—低集聚区
顺和苑	邯山区	3	低—低集聚区
邯郸职业技术学院高职公寓	邯山区	3	低—低集聚区
罗城头生活区	邯山区	3	低—低集聚区

10.4.2　所选社区现状

10.4.2.1　社区场地现状

所选为位于主城区的邯山区，位于水厂路以南、中华南大街以西、学院北路以北、陵西南大街以东，包含隆德园小区、绿德源小区、赵都新城·缇香花舍、赵都新城·光和园四个社区，区域面积约为0.49km²，场地内有马庄乡人民政府、邯郸市渚河路小学（相如校区）、圣博翰幼儿园、邯山广场及其他商业类型建筑，如图10-18所示。

图10-18　改造范围

10.4.2.2　社区韧性现状

从中筛选隆德园小区、赵都新城·缇香花舍、赵都新城·光和园和绿德源社区各项指标韧性和综合韧性的相关信息，见表10-2，可得所研究社区公共服务设施多样性、社区医疗设施获得性、可改造冗余建筑数量、冗余空间面积占比四项指标韧性均处于韧性很差等级（Ⅴ），因此在这四项指标方面韧性不足，应当着重改造。

所选社区所属行政区及各项指标韧性和综合韧性指数韧性等级　　　　表10-2

社区名称	所属行政区	1公共服务设施多样性	2社区医疗设施获得性	3定点医疗设施可达性	4可改造冗余建筑数量	5冗余空间面积占比
隆德园小区	邯山区	V	V	Ⅲ	V	V
赵都新城·缇香花舍	邯山区	V	V	Ⅲ	V	V
赵都新城·光和园	邯山区	V	V	Ⅲ	V	V
绿德源小区	邯山区	V	V	Ⅳ	V	V

社区名称	6人均公共空间面积	7高层建筑楼栋占比	8城市开放空间可达性	9社区绿化率	10社区人口密度	综合韧性
隆德园小区	Ⅱ	Ⅱ	Ⅰ	Ⅱ	Ⅱ	V
赵都新城·缇香花舍	Ⅱ	Ⅱ	Ⅲ	Ⅳ	Ⅳ	V
赵都新城·光和园	Ⅱ	Ⅱ	Ⅲ	Ⅳ	Ⅳ	V
绿德源小区	Ⅲ	Ⅱ	Ⅱ	Ⅳ	Ⅳ	V

10.4.3　社区韧性提升改造

由上文可知该片区公共服务设施多样性、社区医疗设施获得性、可改造冗余建筑数量、冗余空间面积占比四项指标韧性不足，为提升该片区的社区防疫韧性，应从增加日常性公共服务设施多样性、提升社区医疗设施获得性、增加社区冗余空间面积三方面提升该片区韧性。

1. 增加日常性公共服务设施多样性

该片区当前设施分布的主要类型有社区服务设施、商业设施（包括日常性商业设施及非日常性商业设施）、教育设施、行政设施，如图10-19所示。分析现状可知，对于疫情期间亟需的日常性的能提供基本保障的商业设施不足，在学院北路北侧多为汽车保养类的商业设施，在邯山广场西侧多为教育培训类、母婴类、美容养生类的商业设施；

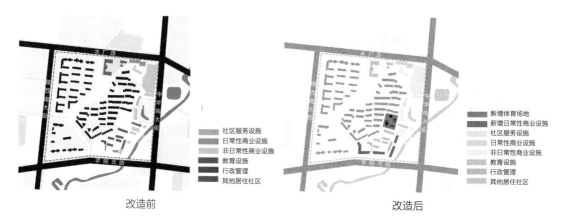

改造前　　　　　　　　　　　　　　　　改造后

图10-19　公共服务设施多样性改造提升

体育设施不足但有邯山广场作为体育活动场地；现有社区服务设施面积小，提供的多为行政服务，较少能为日常生活提供保障。

2．提升社区医疗设施获得性

由图10-20可知，该片区所研究社区的社区医疗设施可获得性均很差，在十分钟步行可达范围内无社区医疗卫生中心（站）。在对该片区进行系统梳理后，发现内部存在一家地方医院——爱民中医院，是邯郸市医保农合定点医院，邯山区城镇合作医疗定点医院。

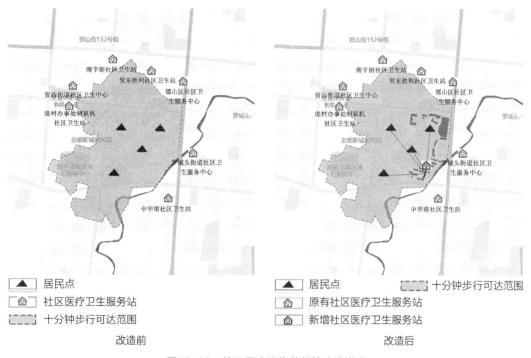

图10-20　社区医疗设施获得性改造提升

针对该片区特点，采取打造资源共享的社区医疗卫生设施的设计策略，即将现有爱民中医院进行改造，划分出部分底层的空间改造为社区卫生服务中心（站），如图10-21所示，以充分整合在地的医疗资源，改善四个社区的社区医疗设施获得性，且改造后社区医疗设施选址适当，便捷性、可达性好。

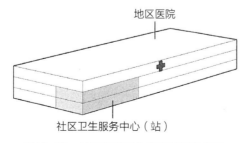

图10-21　社区医疗卫生资源共享概念图

3. 增加社区冗余空间面积

如图10-22所示，对当前片区的现状进行梳理可知，该片区目前主要的冗余空间为邯山广场，水体面积占比较小，可为应急场景提供较多的冗余场地。此外，该区域内还存在"有潜力"的冗余空间，如被闲置的马庄乡家属院北面空地，目前场地内主要是临时搭建的建筑并有车辆在内随意停车；空间品质低下的绿德源小区的中心广场，随意搭建的自行车棚破坏了社区环境风貌及广场空间的完整性；可实现功能转换的亚森家具城

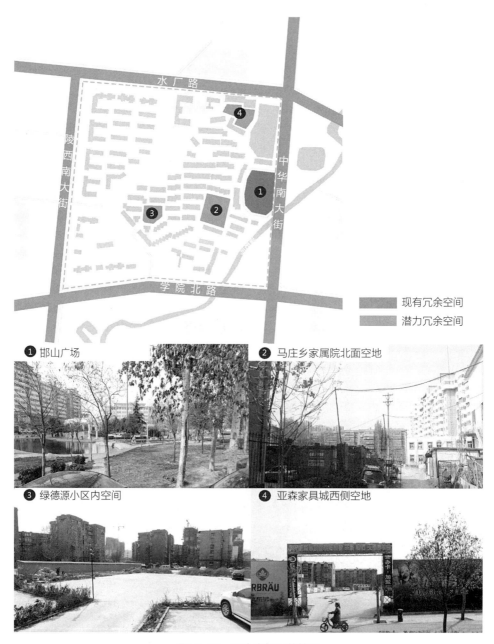

图10-22　冗余空间现状梳理

西侧的空地，在平常会作为举行展销会的场地。应将现有冗余空间及"潜力"冗余空间纳入应急规划，提升空间品质，增加应急情况下的可用度。

根据8.5.1节对可改造冗余建筑数量指标的说明，该片区内无可改造冗余建筑，可借鉴意大利在疫情期间使用的充气帐篷，如图10-23所示，防疫期间会对出现疫情社区的隔离和中转起到非常有益的作用，必要情况下也可成为支持城市"方舱"的物资，可置于冗余空间上发挥其功能。

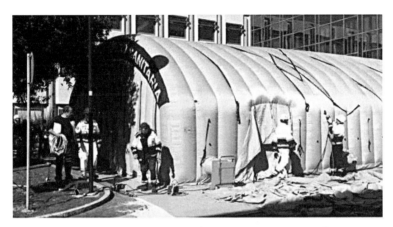

图10-23　意大利采用充气帐篷搭建的临时的冗余建筑

参考文献

[1] 刘小媛. 基于资源环境承载力评价视角下的县域国土空间规划路径探索 ［D］. 西安：西北大学，2019.

[2] 孟宝. 宜宾市国土空间功能解析与优化对策研究 ［D］. 成都：中国科学院大学（中国科学院水利部成都山地灾害与环境研究所），2020.

[3] 贝克，邓正来，沈国麟. 风险社会与中国：与德国社会学家乌尔里希·贝克的对话 ［J］. 社会学研究，2010，25（5）：208-231，246.

[4] 中国疾病预防控制中心新型冠状病毒肺炎应急响应机制防控技术组. 返校学生新型冠状病毒肺炎预防临时指南 ［J］. 中华流行病学杂志，2020，41（8）：1195.

[5] 夏联华. 健康城市评价指标体系研究 ［D］. 重庆：重庆大学，2019.

[6] LOUIS A，PATSY H，KLAUS R K. Strategic spatial planning and regional governance in europe ［J］. Journal of the American Planning Association，2003，69（2）.

[7] 王岳. 重庆空间规划体系构建理论探索与实践研究 ［D］. 重庆：重庆大学，2019.

[8] 邢勋. 国土空间规划背景下城乡融合发展研究 ［D］. 郑州：河南财经政法大学，2020.

[9] CULLINGWORTH B，NADIN V，HART T，et al. Town and country Planning in the UK ［M］. Routledge，2001.

[10] 高文琳. 浅析《明日的田园城市》［J］. 居舍，2018（31）：181.

[11] 丁凌. 城市规划三大宪章的分析与比较 ［J］. 特区经济，2014（6）：220-221.

[12] 张立，董舒婷，陆希刚. 行政体制视角下的乡镇国土空间规划讨论：英国、日本和德国的启示 ［J］. 小城镇建设，2020，38（12）：5-11.

[13] 谭纵波，高浩歌. 日本国土规划法规体系研究 ［J］. 规划师，2021，37（4）：71-80.

[14] 罗超，王国恩，孙靓雯. 中外空间规划发展与改革研究综述 ［J］. 国际城市规划，2018，33（5）：117-125.

[15] 邓丽君，南明宽，刘延松. 德国空间规划体系特征及其启示［J］. 规划师，2020，36（S2）：117-122.

[16] 杨柳. 国土空间规划背景下延庆山区乡镇空间优化研究 ［D］. 北京：北京建筑大学，2020.

[17] 苗倩雯. 借鉴国外经验的我国国土空间规划体系的建设 ［J］. 国土与自然资源研究，2019（4）：17-18.

[18] 鲁钰雯，翟国方，施益军，等. 荷兰空间规划中的韧性理念及其启示［J］. 国际城市规划，2020，35（1）：102-110，117.

[19] ATKISSON A.Developing indicators of sustainable community：lessons from sustainable Seattle［J］. Environmental impact assessment review，1996，16（4-6）：337-350.

[20] VOGT W. Road to survival［J］. Soil science，1948，67（1）：75.

[21] DAILY G C，EHRLICH P R. Population，sustainability，and earth's carrying capacity［J］. BioScience，1992（10）：10.

[22] LEE D，OH K. A development density allocation model based on environmental carrying capacity［J］. International journal of environmental science and development，2012，3（5）：486-490.

[23] DIEPEN C，KEULEN H V，WOLF J，et al. Land evaluation：from intuition to quantification［M］. New York：Springer，1991.

[24] Edward H，Ziegler Jr. Urban zoning and land planning：metropolitan cities of large and small united states［J］. Urban planning abroad，2005，20（3）：60-63.

[25] JAFARI S，ZAREDAR N. Land suitability analysis using multi attribute decision making approach［J］. International journal of environmental science and development，2010，1（5）：441-445.

[26] 郝庆. 对机构改革背景下空间规划体系构建的思考［J］. 地理研究，2018，37（10）：1938-1946.

[27] 张伟，刘毅，刘洋. 国外空间规划研究与实践的新动向及对我国的启示［J］. 地理科学进展，2005（3）：79-90.

[28] 杨保军，张菁，董珂. 空间规划体系下城市总体规划作用的再认识［J］. 城市规划，2016，40（3）：9-14.

[29] 赵博超. 国土空间规划体系下村庄规划编制方法研究［D］. 南昌：江西师范大学，2020.

[30] 武廷海. 国土空间规划体系中的城市规划初论［J］. 城市规划，2019，43（8）：9-17.

[31] 曹康，张庭伟. 规划理论及1978年以来中国规划理论的进展［J］. 城市规划，2019，43（11）：61-80.

[32] 林坚，刘松雪，刘诗毅. 区域—要素统筹：构建国土空间开发保护制度的关键［J］. 中国土地科学，2018，32（6）：1-7.

[33] 张维宸，密士文. "多规合一"历程回顾与思考［J］. 中国经贸导刊（理论版），2017（23）：69-72.

[34] 顾龙友. 自然资源保护与开发进入强化规划引领、管控新阶段［J］. 国土资源情报，2019（3）：3-7.

[35] 谢英挺，王伟. 从"多规合一"到空间规划体系重构［J］. 城市规划学刊，2015（3）：15-21.

[36] 黄世臻，刘玉亭，魏宗财. 中国国土空间规划研究述评：基于CiteSpace的知识图谱分析［J］. 南方建筑，2021（3）：84-90.

[37] 孙伟，陈雯. 市域空间开发适宜性分区与布局引导研究：以宁波市为例［J］. 自然资源学报，2009，24（3）：402-413.

[38] 黄杏元，倪绍祥，徐寿成，等. 地理信息系统支持区域土地利用决策的研究［J］. 地理学报，1993（2）：114-121.

[39] 丁建中，陈逸，陈雯. 基于生态—经济分析的泰州空间开发适宜性分区研究［J］. 地理科学，2008，28（6）：842-848.

[40] 唐剑武，郭怀成，叶文虎. 环境承载力及其在环境规划中的初步应用［J］. 中国环境科学，1997（1）：8-11.

[41] 柴国平，徐明德，王帆，等. 资源与环境承载力综合评价模型研究［J］. 地球信息科学学报，2014，16（2）：257-263.

[42] 赵小敏，郭熙. 土地利用总体规划实施评价［J］. 中国土地科学，2003（5）：35-40.

[43] 北京市城市规划设计研究院. 北京区县规划实施评价指标体系研究及区县规划实施评估［J］. 城市建筑，2018（3）：104-107.

[44] 马璇，郑德高，孙娟，等. 真评估与假评估：总规改革背景下的总规评估探索和思考［J］. 城市规划学刊，2017（S2）：149-154.

[45] ROSENTHAL U，PIJNENBURG B. Crisis management and decision making：simulation oriented scenarios［M］. Netherlands：Springer，1991.

[46] GOSTIN L O. Pandemic influenza：public health preparedness for the next global health emergency［J］. Journal of law medicine & ethics，2010，32（4）：565-573.

[47] GEORGE D，H，JANE A B，DAMON P C. Introduction to emergency management［M］. Boston：American Elsevier Inc，2014.

[48] STEVEN F. Crisis management：planning for the inevitable［M］. New York：American Management Association，1986.

[49] 罗伯特·希斯. 危机管理［M］. 王成，宋炳辉，金瑛，译. 北京：中信出版社，2001：272-284.

[50] 胡丙杰. 美国公共卫生应急机制及其启示［J］. 国际医药卫生导报，2005（1）：16-17.

[51] MATTA N，LORIETTE S，SEDIRI M，et al. Crisis management experience based representation Road accident situations［C］. International conference on collaboration technologies & systems IEEE，2012.

[52] IOANNIS B. The use intelligent transportation system in risk and emergency management for road transport planning and operation［J］. Institute of transportation engineers，2019，89（1）：44-49.

[53] RIO Y，ILAN N. Disaster risk management policies and the measurement of resilience for philippine regions［J］. Risk analysis，2020，40（2）：254-275.

[54] 邓云峰，郑双忠，刘铁民. 突发灾害应急能力评估及应急特点［J］. 中国安全生产科学技术，2005（5）：58-60.

[55] 张风华，谢礼立. 城市防震减灾能力评估研究［J］. 自然灾害学报，2001（4）：57-64.

[56] LEIBA A，GOLDBERG A，HOURVITZ A，et al. Lessons learned from clinical anthrax drills：evaluation of knowledge and preparedness for a bioterrorist threat in Israeli Emergency Departments［J］. Annals of emergency medicine，2006，48（2）：194-199.

[57] IAN M. Managing crises before they happen: what every executive and manager needs to know about crisis management [M]. New York: Amacom, 2000.

[58] JEFFREY S S, CARLOS E R, RAE Z, et al. Resource allocation, emergency response capability and infrastructure concentration around vulnerable sites [J]. Journal of risk research, 2011, 14 (5): 597-613.

[59] ZUCKERMAN T, DE S J, TALLMAN M S, et al. Risk communication and management in public health crises [J]. Public health, 2009, 123 (10): 643-644.

[60] 邵柏, 黄佳礼, 马赛. 美英两国公共卫生突发事件预警与应对 [J]. 中国国境卫生检疫杂志, 2004 (S1): 47-49.

[61] 喻友军. 长沙市突发公共卫生事件医疗救治体系及运行机制研究 [D]. 长沙: 国防科学技术大学, 2006.

[62] 黄伟灿, 吕世伟, 李堂林. 试论我国公共卫生应急体系的构建 [J]. 中华医院管理杂志, 2003 (10): 5-7.

[63] 秦启文. 突发事件的管理与应对 [M]. 北京: 新华出版社, 2004.

[64] 李明强, 张凯, 岳晓. 突发事件的复杂科学理论研究 [J]. 中南财经政法大学学报, 2005 (6): 24-27.

[65] 杨涛. 建立和完善突发事件应对机制探析 [J]. 中共贵州省委党校学报, 2010 (3): 42-45.

[66] 周维栋. 论突发公共卫生事件中信息公开的法律规制: 兼论《传染病防治法》第38条的修改建议 [J]. 行政法学研究, 2021 (4): 147-161.

[67] 薛澜. 中国应急管理系统的演变 [J]. 行政管理改革, 2010 (8): 22-24.

[68] 吴东平, 程万洲. 我国突发公共事件应急管理现状 [J]. 中国安全生产科学技术, 2009, 5 (5): 173-175.

[69] 陈安, 周丹. 突发事件机理体系与现代应急管理体制设计 [J]. 安全, 2019, 40 (7): 16-23.

[70] 郭济. 政府应急管理实务 [M]. 北京: 中共中央党校出版社, 2004.

[71] 郑双忠, 邓云峰. 城市突发公共事件应急能力评估体系及其应用 [J]. 辽宁工程技术大学学报, 2006 (6): 943-946.

[72] 辛向阳. 重大突发事件与中国社会的发展变迁 [J]. 当代世界与社会主义, 2003 (4): 103-106.

[73] 陈远理. 从 "SARS" 事件看医院后勤保障的应急策略 [J]. 现代医院, 2004 (12): 52-53.

[74] 邓云峰, 郑双忠. 城市突发公共事件应急能力评估: 以南方某市为例 [J]. 中国安全生产科学技术, 2006 (2): 9-13.

[75] 李松光. 县级疾病预防控制中心突发公共卫生事件应急能力评价研究 [D]. 上海: 复旦大学, 2012.

[76] 王峻, 李和平, 李梅, 等. 医疗救治网络系统研究 [J]. 中国医院, 2003 (11): 14-16.

[77] 董伟康. 突发公共卫生事件对深化我国医疗卫生体制改革的启示 [J]. 中国初级卫生保

健，2003（9）：17–19.

[78] JOHN H. Risk as an economic factor［J］. Quarterly journal of economics，1895，9（4）：409–449.

[79] United Nations Disaster Relief Organization（UNDRO）［J］. Prehospital and disaster medicine，1985，1（1）.

[80] OUELLETTE P，LEBLANC D，JABINEL，et al. Cost–benefit analysis of flood–plain zoning［J］. Journal of water resources planning and management，1988，114（3）：326–334.

[81] ARNOLD M，CHEN R S，DEICHMANN U，et al. Natural disaster hotspots：case studies［M］. Natural disaster hotspots case studies，2010：1–204.

[82] MASATOSHI S. Flood hazard map distribution［J］. Urban water，1999，1（2）：125–129.

[83] MEJIA–NAVARRO M，WOHL. Geological hazard and risk evaluation using GIS：methodology and model applied to Medellin，Colombia［J］. Environmental&engineering geoscience，1994，31（4）：459–481.

[84] GITELMAN V，CARMEL R，DOVEH E，et al. Exploring safety impacts of pedestrian–crossing configurations at signalized junctions on urban roads with public transport routes［J］. International journal of injury control and safety promotion，2017，25（1）：31–40.

[85] ATHANASIOS G，GEORGE B，NIKOLAOS E. Pedestrian road safety in relation to urban road type and traffic flow［J］. Transportation research procedia，2017，24：220–227.

[86] BECK V R. Reformance–based fire engineering design and its application in australia［J］. Fire safety science，1997，5：23–40.

[87] IBRAHIM M N，IBRAHIM M S，MOHD–DIN A，et al. Fire risk assessment of heritage building–perspectives of regulatory authority，restorer and building stakeholder［J］. Procedia engineering，2011，20（1）：325–328.

[88] 黄崇福. 自然灾害风险分析的基本原理［J］. 自然灾害学报，1999（2）：21–30.

[89] 岑慧贤，房怀阳，吴群河. 可接受风险的界定方法探讨［J］. 重庆环境科学，2000（3）：18–19，51.

[90] 向喜琼，黄润秋. 地质灾害风险评价与风险管理［J］. 地质灾害与环境保护，2000（1）：38–41.

[91] 罗培. 基于GIS的重庆市干旱灾害风险评估与区划［J］. 中国农业气象，2007（1）：100–104.

[92] 王爱，张强，陆林，等. 多源数据支持下城市火灾风险评估及规划响应［J］. 中国安全科学学报，2021，31（3）：148–155.

[93] 程巧梦，张广泰，王立晓. 基于AHP的城市道路交通安全评价指标体系［J］. 交通科技与经济，2014，16（5）：1–4，30.

[94] 赵学刚. 城市道路交通安全风险分类动态评价技术［J］. 中北大学学报（自然科学版），2014，35（4）：419–426.

[95] 宋全明. 城市道路交通安全风险及风险管理研究［J］. 绿色环保建材，2019（5）：139–140.

[96]　方甫兵. 建筑火灾风险评估方法应用研究［D］. 昆明：昆明理工大学，2008.

[97]　韩如适，张向阳. 超高层建筑装修施工火灾风险与安全疏散现场调研及评估［J］. 安全与环境工程，2016，23（4）：113–117.

[98]　方正，陈娟娟，谢涛，等. 基于聚类分析和AHP的商场类建筑火灾风险评估［J］. 东北大学学报（自然科学版），2015，36（3）：442–447.

[99]　李义萌，张顺，徐立军，等. 沿海平原地区国土空间总体规划风险评估初探［C］//面向高质量发展的空间治理：2021中国城市规划年会论文集（01城市安全与防灾规划）. 北京：中国建筑工业出版社，2021：598–605.

[100]　孔垂锦，苏振宇，郑溪. 云南省国土空间保护开发风险评估探索［C］//中国城市规划学会. 面向高质量发展的空间治理：2021中国城市规划年会论文集（20总体规划）. 北京：中国建筑工业出版社，2021：699–707.

[101]　黄金川，林浩曦，漆潇潇. 面向国土空间优化的三生空间研究进展［J］. 地理科学进展，2017，36（3）：378–391.

[102]　张京祥，林怀策，陈浩. 中国空间规划体系40年的变迁与改革［J］. 经济地理，2018，38（7）：1–6.

[103]　周琳，孙琦，郭晓林. "五级三类"国土空间规划用地分类体系研究［C］//活力城乡美好人居：2019中国城市规划年会论文集（12城乡治理与政策研究）. 北京：中国建筑工业出版社，2019：10–21.

[104]　金胜西. 论我国新时代国土空间规划的建设与展望［J］. 国土与自然资源研究，2019（4）：47–49.

[105]　国务院. 国家突发公共事件总体应急预案［Z］. 2006–01–8.

[106]　国务院. 突发公共卫生事件应急条例［Z］. 2003–05–29.

[107]　STEPHEN M K, CHRISTINE T, EDEARD G, et al. Projecting the transmission dynamics of SARS–CoV–2 through the postpandemic period［J］. Science，2020，368（6493）.

[108]　邓瑛，王琦琦，松凯，等. 突发公共卫生事件风险评估研究进展［J］. 中国预防医学杂志，2011，12（3）：292–294.

[109]　周燕，肖建鹏，胡建雄，钟豪杰，张倩，谢欣珊，何冠豪，容祖华，詹建湘，马文军. 我国常态化防控阶段的新型冠状病毒肺炎本土疫情流行特点和防控经验［J］. 中华流行病学杂志，2022，43（4）：466–477.

[110]　玄泽亮，魏澄敏，傅华. 健康城市的现代理念［J］. 上海预防医学杂志，2002（4）：197–199.

[111]　乌尔里希·贝克. 风险社会［M］. 何博闻，译. 南京：译林出版社，2004：20–22.

[112]　梁骏. 环境设计中的功能与需求：从马斯洛需求层次理论角度分析［J］. 艺术大观，2020（22）：55–56.

[113]　周桢津. 市县乡级国土空间规划指标体系研究［D］. 南京：南京大学，2019.

[114]　住房城乡建设部. 关于城市总体规划编制试点的指导意见［S］. 2017.

[115]　自然资源部办公厅. 市级国土空间总体规划编制指南（试行）［S］. 2020.

[116] 自然资源部. 国土空间规划城市体检评估规程［S］. 2020.

[117] 自然资源部办公厅. 资源环境承载能力和国土空间开发适宜性评价指南（试行）［S］. 2020.

[118] 黄颖，许旺土，黄凯迪. 面向国土空间应急安全保障的控制性详细规划指标体系构建：以应对突发公共卫生事件为例［J］. 自然资源学报，2021，36（9）：2405–2423.

[119] 王兰，贾颖慧，李潇天，等. 针对传染性疾病防控的城市空间干预策略［J］. 城市规划，2020，44（8）：13–20，32.

[120] 张衍毓，陈美景. 国土空间系统认知与规划改革构想［J］. 中国土地科学，2016，30（2）：11–21.

[121] 张维宸. 国土规划中不确定因素的设计与优化［J］. 中国国土资源经济，2009，22（11）：17–18，45，47.

[122] 余珂，黄慧明，朱江，等. 特大城市公共卫生风险识别及规划应对［J］. 规划师，2020，36（5）：78–81.

[123] 金锋淑，黄金玲，孔庆熔. 国土空间规划体系下疫情防控规划编制思考［J］. 规划师，2020，36（5）：52–56.

[124] 谭卓琳，陆明. 预警、响应与恢复：韧性城市视角下应对突发公共卫生事件的规划策略研究［J］. 西部人居环境学刊，2021，36（4）：59–65.

[125] 王孟和. 突发公共安全卫生事件视角下国土空间规划再认识：新型冠状病毒疫情引发的规划思考［J］. 城市住宅，2020，27（5）：83–84，97.

[126] 张国华. 现代城市发展启示与公共服务有效配置：应对2020新型冠状病毒肺炎突发事件笔谈会［J］. 城市规划，2020（2）：1.

[127] 黄浩，禚保玲，黄黎明. 国土空间规划公共服务设施评估方法探索［C］//中国城市规划学会. 活力城乡美好人居：2019中国城市规划年会论文集（14规划实施与管理）. 北京：中国建筑工业出版社，2019：795–807.

[128] 许丽君，朱京海. 重大突发公共卫生事件下国土空间治理体系的韧性思考［J］. 规划师，2020，36（5）：49–51，66.

[129] 蔡丽敏. 后疫情时代绿地及开敞空间拓展功能研究［J］. 园林，2021，38（5）：90–93.

[130] 郑保力，杨涛，陈明涛. 突发公共卫生事件下城市交通规划建设管理［J］. 交通与运输，2021，37（2）：1–6.

[131] 周素红，廖伊彤，郑重. "时—空—人"交互视角下的国土空间公共安全规划体系构建［J］. 自然资源学报，2021，36（9）：2248–2263.

[132] 吕悦风，项铭涛，王梦婧，等. 从安全防灾到韧性建设：国土空间治理背景下韧性规划的探索与展望［J］. 自然资源学报，2021，36（9）：2281–2293.

[133] 杨俊宴，史北祥，夏歌阳，等. "城市—社区"兼顾型城市双尺度防疫体系构建［J］. 科学通报，2021，66（Z1）：433–438.

[134] 姜智军，王路生. 新冠肺炎疫情引发的国土空间规划思考［J］.《规划师》论丛，2020：483–488.

[135] 王国强，张烁，杨俊元，等. 耦合不同年龄层接触模式的新冠肺炎传播模型［J］. 物理学

报，2021，70（1）：210-220.

[136]　吴晓，张莹.新冠肺炎疫情下结合社区治理的流动人口管控［J］.南京社会科学，2020（3）：21-27.

[137]　赵东昊，耿虹.新型冠状病毒肺炎疫情下城市防灾规划复合化体系建构思考［J］.规划师，2020，36（5）：103-108.

[138]　陈志岚，李蒙英，谢立群.苏州园林水体治理的技术与效果及其可持续性［J］.环境工程，2014，32（10）：5-8，112.

[139]　MASS J，VERHEIJ R A，RROENEWEGEN P P，et al.Green space，urbanity and health：how strong is the relation［J］.Epidemiol community health，2006，60（7）：587-592.

[140]　石义，吕维娟.基于公共卫生安全的国土空间规划再认识：结合武汉新冠肺炎疫情防控实际［J］.中国土地，2020（3）：4-7.

[141]　张吉军.模糊层次分析法（FAHP）［J］.模糊系统与数学，2000（2）：80-88.

[142]　舒建峰.基于AHP—模糊综合评价模型的城市应急管理能力评估［J］.现代职业安全，2020（8）：95-98.

[143]　YANG S S，CHONG Z H.Smart city projects against COVID-19：quantitative evidence from China［J］.Sustainable cities and society，2021：70.

[144]　于一凡，张庆来，詹烨，等.突发公共卫生事件中的社区压力响应与网络韧性———一项应用影像发声方法开展的研究［J］.建筑学报，2020（S2）：197-201.

[145]　杨增崟.突发重大疫情防控中的话语权提升与信心培塑［J］.学校党建与思想教育，2020（3）：8-11.

[146]　人民网.健全国家应急管理体系切实维护公共安全［EB/OL］.（2020-02-27）［2022-03-31］.https://baijiahao.baidu.com/s?id=1659646327099351986&wfr=spider&for=pc.

[147]　高广伟.中国矿山救护工作改革与发展［J］.煤矿安全，2020，51（10）：18-23.

[148]　习近平.习近平在中央政治局第十九次集体学习时强调充分发挥我国应急管理体系特色和优势积极推进我国应急管理体系和能力现代化［J］.中国应急管理，2019（12）：4-5.

[149]　HOLLING C S.Resilience and Stability of Ecological Systems［J］.Annual Review of Ecology and Systematics，1973，4（4）：1-23.

[150]　都彦妮.新冠疫情防控的社区韧性研究［D］.杭州：浙江大学，2021.

[151]　李国庆.韧性城市的建设理念与实践路径［J］.人民论坛，2021（25）：86-89.

[152]　SCHULZE P.Engineering Within Ecological Constraints［M］.Washington，DC：The National Academies Press，1996.

[153]　HOLLING C S，GUNDERSON L H.Panarchy：Understanding Transformations In Human And Natural Systems［M］.Washington D.C：Island Press，2002.

[154]　WU J.Landscape ecology，cross-disciplinarily，and sustainability science［J］.Landscape Ecology，2006，21（1）：1-4.

[155]　邵亦文，徐江.城市韧性：基于国际文献综述的概念解析［J］.国际城市规划，2015，30（2）：48-54.

[156] 申俊龙，王鸿江，魏鲁霞. 我国应对突发公共卫生事件的城市社区韧性治理模式建构研究［J］. 中国医院管理，2021，41（12）：91-95.

[157] ALBERTI M，MARZLUFF J M. Ecological resilience in urban ecosystems：Linking urban patterns to human and ecological functions［J］. Urban Ecosystems，2004，7（3）：241-265.

[158] STEVENS M R，BERKE P R，YAN S. Creating disaster-resilient communities：Evaluating the promise and performance of new urbanism［J］. Landscape and Urban Planning，2010，94（2）：105-115.

[159] PREMAKUMARA D G J，MAEDA T，HUANG J，et al. Building Resilient Cities：Lessons Learned from Four Asian Cities［EB/OL］.（2014-07-23）［2022-03-31］. https://isap.iges.or.jp/2014/PDF/pl2/06_dickellaKumara.pdf.

[160] 闫水玉，唐俊. 韧性城市理论与实践研究进展［J］. 西部人居环境学刊，2020，35（2）：111-118.

[161] 谢蒙. 四川天府新区成都直管区乡村韧性空间重构研究［D］. 成都：西南交通大学，2017.

[162] 万汉斌. 适应新常态的城市安全韧性评价及规划编制思考［J］. 规划师，2021，37（3）：5-12.

[163] 左上菲. 我国韧性城市研究的热点及演化趋势分析——基于CiteSpace的可视化研究［J］. 黑龙江生态工程职业学院学报，2021，34（5）：12-16.

[164] 戴维·R·戈德沙尔克，许婵. 城市减灾：创建韧性城市［J］. 国际城市规划，2015，30（2）：22-29.

[165] AHERN J. From fail-safe to safe-to-fail：Sustainability and resilience in the new urban world［J］. Landscape and Urban Planning，2011，100（4）：341-343.

[166] 李帅. 基于韧性景观的城市公园空间安全规划设计［J］. 美与时代（城市版），2020（5）：57-58.

[167] 段怡嫣，翟国方，李文静. 城市韧性测度的国际研究进展［J］. 国际城市规划，2021，36（6）：79-85.

[168] 王峤，臧鑫宇，陈天. 沿海城市适灾韧性技术体系建构与策略研究：2015中国城市规划年会［C］. 中国贵州贵阳，2015.

[169] 杨雅婷. 抗震防灾视角下城市韧性社区评价体系及优化策略研究［D］. 北京：北京工业大学，2016.

[170] 吴志强，冯凡，鲁斐栋，等. 城市韧性空间设计［J］. 时代建筑，2020（4）：84-89.

[171] 李云燕，李壮，彭燕. "治未病"思想内涵及其对韧性城市建设的启示思考［J］. 城市发展研究，2021，28（1）：32-38.

[172] 李彤玥. 韧性城市研究新进展［J］. 国际城市规划，2017，32（5）：15-25.

[173] GODSCHALK D R. Urban Hazard Mitigation：Creating Resilient Cities［J］. Natural Hazards Review，2003，4（3）：136-143.

[174] JABAREEN Y. Planning the resilient city：Concepts and strategies for coping with climate change

and environmental risk [J]. Cities, 2013, 31: 220-229.

[175] ASPRONE D, CAVALLARO M, LATORA V, et al. Assessment of urban ecosystem resilience using the efficiency of hybrid social-physical complex networks [EB/OL]. (2013-08-01) [2022.03.31].

[176] 宫清华, 叶玉瑶, 王钧, 等. 粤港澳大湾区防灾韧性空间规划策略研究 [J]. 规划师, 2021, 37 (3): 22-27.

[177] 邹昕争. 防灾韧性城市理念下地下空间总体规划布局方法研究 [D]. 北京: 北京建筑大学, 2020.

[178] 孔江伟, 曾坚, 高梦溪. 基于韧性城市的厦门市单位密集城区灾害避难所规划方法研究 [J]. 灾害学, 2020, 35 (3): 220-223.

[179] 陈竞姝. 韧性城市理论下河流蓝绿空间融合策略研究 [J]. 规划师, 2020, 36 (14): 5-10.

[180] 孟海星, 沈清基. 城市生态空间防灾韧性: 概念辨析、影响因素与提升策略 [J]. 城乡规划, 2021 (3): 28-34.

[181] 陈智乾, 胡剑双, 王华伟. 韧性城市规划理念融入国土空间规划体系的思考 [J]. 规划师, 2021, 37 (1): 72-76.

[182] 郑艳, 翟建青, 武占云, 等. 基于适应性周期的韧性城市分类评价——以我国海绵城市与气候适应型城市试点为例 [J]. 中国人口·资源与环境, 2018, 28 (3): 31-38.

[183] 缪惠全, 王乃玉, 汪英俊, 等. 基于灾后恢复过程解析的城市韧性评价体系 [J]. 自然灾害学报, 2021, 30 (1): 10-27.

[184] 姜彦旭, 韩林飞. 基于韧性设计的城市剩余空间亲生物性恢复规划研究 [J]. 城市发展研究, 2021, 28 (1): 23-31.

[185] 颜文涛, 卢江林, 李子豪, 等. 城市街道网络的韧性测度与空间解析——五大全球城市比较研究 [J]. 国际城市规划, 2021, 36 (5): 1-12.

[186] 韩林, 赵旭东, 陈志龙, 等. 地震灾害下城市供水网络韧性评估及优化研究 [J]. 中国安全科学学报, 2021, 31 (2): 135-142.

[187] 耿博壕. "韧性城市"理念下的城市人防规划体系研究 [D]. 昆明: 昆明理工大学, 2021.

[188] 蒋应红, 沈雷洪. 疫情与灾害叠加下的城市韧性健康开放空间规划策略研究 [J]. 上海城市规划, 2021 (2): 76-81.

[189] 李亚, 翟国方. 我国城市灾害韧性评估及其提升策略研究 [J]. 规划师, 2017, 33 (8): 5-11.

[190] 黎思宏, 周龙. 新冠疫情下城市韧性空间方舱医院改建设计研究 [J]. 北京规划建设, 2020 (4): 39-41.

[191] 韩林飞, 肖春瑶. 突发公共卫生事件下适灾韧性的城市群协同防灾规划研究 [J]. 城乡规划, 2020 (6): 72-82.

[192] 彭翀, 李月雯, 王才强. 突发公共卫生事件下 "多层级联动" 的城市韧性提升策略 [J]. 现代城市研究, 2020 (9): 40-46.

[193] 王世福, 张晓阳, 邓昭华. 突发公共卫生事件下城市公共空间的韧性应对 [J]. 科技导报, 2021, 39 (5): 36-46.

[194] 杨筱, 钱可敦. 突发公共卫生事件下塑造韧性城市的规划思考——以新冠肺炎疫情为例 [J]. 建筑与文化, 2021 (7): 148-149.

[195] 李晓娟, 李璐璐, 朱月月. 韧性城市恢复能力评价研究 [J]. 工程管理学报, 2021, 35 (4): 48-52.

[196] 王峤, 李含嫣, 焦娇. 应对地震的城市适灾韧性评价及提升策略研究: 2020年第十六届中国城市规划信息化年会暨中国城市规划学会城市规划新技术应用学术委员会年会 [C]. 线上会议, 2020.

[197] 徐漫辰. 适灾韧性理念下城市社区灾害脆弱性及减灾优化方法研究 [D]. 天津: 天津大学, 2017.

[198] 王欣宜, 汤宇卿. 面对突发公共卫生事件的平疫空间转换适宜性评价指标体系研究 [J]. 城乡规划, 2020 (4): 21-27.

[199] 林钰涵, 姜洪庆. 基于韧性城市理论的公共卫生系统韧性评价研究 [J]. 智能建筑与智慧城市, 2021 (8): 8-10.

[200] 王燕语, 范圣权, 范乐. 基于多因素、多层次评判的多灾种下城市安全韧性评价指标研究 [J]. 建筑科学, 2021, 37 (1): 82-88.

[201] 田健, 曾穗平. 城市边缘区乡村产业系统风险评估与韧性格局重构——以天津市西郊乡村地区为例 [J]. 城市规划, 2021, 45 (10): 19-30.

[202] 李正兆, 傅大放, 王君娴, 等. 应对内涝灾害的城市韧性评估模型及应用 [J]. 清华大学学报 (自然科学版), 2022, 62 (2): 266-276.

[203] 刘长松. 城市安全、气候风险与气候适应型城市建设 [J]. 重庆理工大学学报 (社会科学), 2019, 33 (8): 21-28.

[204] 孙鸿鹄, 甄峰. 居民活动视角的城市雾霾灾害韧性评估——以南京市主城区为例 [J]. 地理科学, 2019, 39 (5): 788-796.

[205] 胡啸峰, 王卓明. 加强"韧性城市建设"降低公共安全风险 [J]. 宏观经济管理, 2017 (2): 35-37.

[206] 高凌云, 董建文, 席阳. 人为灾害的经济评析——以技术灾害为视角 [J]. 华东经济管理, 2014, 28 (9): 154-161.

[207] 王永贵, 高佳. 新冠疫情冲击、经济韧性与中国高质量发展 [J]. 经济管理, 2020, 42 (5): 5-17.

[208] 魏淑媛, 王春光. 城市非正式就业者的生存韧性与机会空间建构 [J]. 城市发展研究, 2020, 27 (10): 41-46.

[209] 冯玲玲. 文化韧性视角下特色保护类村庄公共空间优化策略研究 [J]. 城市住宅, 2021, 28 (5): 76-78.

[210] 杨敏行, 黄波, 崔翀, 等. 基于韧性城市理论的灾害防治研究回顾与展望 [J]. 城市规划学刊, 2016 (1): 48-55.

[211] 马超，运迎霞，马小淞. 城市防灾减灾规划中提升社区韧性的方法研究［J］. 城市规划，2020，44（6）：65–72.

[212] 汪洋，俞芸，何钰昆. 面向未来社区的韧性绿道景观营造模式研究——以杭州九乔国际物联社区绿道工程为例［J］. 园林，2021，38（11）：77–83.

[213] 崔鹏，李德智，陈红霞，等. 社区韧性研究述评与展望：概念、维度和评价［J］. 现代城市研究，2018（11）：119–125.

[214] 申佳可，王云才. 韧性城市社区规划设计的3个维度［J］. 风景园林，2018，25（12）：65–69.

[215] 李漱洋，蔡志昶，唐寄翁. 健康韧性视角下社区医疗设施空间布局分析——以南京市中心城区为例［J］. 现代城市研究，2021（7）：45–52.

[216] 姜宇道. 雨洪防涝视角下韧性社区评价体系及优化策略研究［D］. 天津：天津大学，2018.

[217] 董晓婉，徐煜辉，李湘梅. 乡村社区韧性研究综述与应用方向探究［J］. 国际城市规划，2022，37（3）：73–80.

[218] 贾阅. 空间形态视角下的高校社区灾害韧性评价方法研究［D］. 哈尔滨：哈尔滨工业大学，2019.

[219] 李帅，金秀峰. 基于韧性城市背景下的社区公园治理与景观设计策略［J］. 居舍，2021（16）：117–118.

[220] 于洋，吴茸茸，谭新，等. 平疫结合的城市韧性社区建设与规划应对［J］. 规划师，2020，36（6）：94–97.

[221] 孙立，田丽. 基于韧性特征的城市老旧社区空间韧性提升策略［J］. 北京规划建设，2019（6）：109–113.

[222] 徐小晗. 防灾理念下济南市社区韧性评价体系及规划策略研究［D］. 济南：山东建筑大学，2020.

[223] 许金华. 从韧性能力、过程和目标三维度探索老城区社区韧性规划的思路与重点：2020/2021中国城市规划年会暨2021中国城市规划学术季［C］. 中国四川成都，2021.

[224] 方东平，李全旺，李楠，等. 社区地震安全韧性评估系统及应用示范［J］. 工程力学，2020，37（10）：28–44.

[225] 陈铭，吕猛. 疫情防控下社区韧性模型构建及提升策略——以武汉市都府堤社区为例［J］. 上海城市规划，2021（5）：61–66.

[226] 孙美玲. 基于自组织理论的雄安新区社区韧性提升策略研究［D］. 北京：北京建筑大学，2019.

[227] 何欣蔚，吕飞，魏晓芳. 基于多目标协同的城市老旧社区更新策略研究［J］. 西部人居环境学刊，2021，36（2）：102–111.

[228] 周霞，毕添宇，丁锐，等. 雄安新区韧性社区建设策略——基于复杂适应系统理论的研究［J］. 城市发展研究，2019，26（3）：108–115.

[229] 杨毕红. 突发公共卫生事件下城市社区韧性测度及其影响因素研究［D］. 西安：西北大

学，2021.

[230]　罗前，胡智超. 基于人本尺度的社区韧性评价实证研究：2020/2021中国城市规划年会暨2021中国城市规划学术季［C］. 中国四川成都，2021.

[231]　陈浩然，林樱子，王强. 应对突发公共卫生事件的社区韧性评估体系构建：2020/2021中国城市规划年会暨2021中国城市规划学术季［C］. 中国四川成都，2021.

[232]　蔡钢伟，洪艳，徐雷，等. 从CASBEE "未来价值"辨析疫情后社区环境应对策略［J］. 南方建筑，2021（4）：20-23.

[233]　孙立，张云颖，田丽，等. 防疫背景下模块化设计策略提升社区韧性的思考［J］. 北京规划建设，2020（5）：76-79.

[234]　王世福，黎子铭. 强化应急治理能力的韧性社区营造策略——新型冠状病毒肺炎疫情的启示［J］. 规划师，2020，36（6）：112-115.

[235]　张勤，宋青励. 韧性治理：新时代基层社区治理发展的新路径［J］. 理论探讨，2021（5）：152-160.

[236]　蒋蓥，魏开. 双空间维度的韧性社区防疫常态化研究：2020/2021中国城市规划年会暨2021中国城市规划学术季［C］. 中国四川成都，2021.

[237]　杨丽娇，蒋新宇，张继权. 自然灾害情景下社区韧性研究评述［J］. 灾害学，2019，34（4）：159-164.

[238]　金小红. 论我国城市社区发展与社区人的建设［D］. 武汉：华中师范大学，2002.

[239]　孙晓乾，陈敏扬，余红霞，等. 从城市防灾到城市韧性——"新冠肺炎疫情"下对建设韧性城市的思考［J］. 城乡建设，2020（7）：21-26.

[240]　关皓明. 基于演化弹性理论的沈阳老工业城市产业结构演变机理研究［D］. 北京：中国科学院大学（中国科学院东北地理与农业生态研究所），2018.

[241]　彭翀，郭祖源，彭仲仁. 国外社区韧性的理论与实践进展［J］. 国际城市规划，2017，32（4）：60-66.

[242]　钟晓华. 纽约的韧性社区规划实践及若干讨论［J］. 国际城市规划，2021，36（6）：32-39.

[243]　黄献明，朱珊珊. 基于气候灾害影响下的韧性社区评价及建设研究进展［J］. 科技导报，2020，38（8）：40-50.

[244]　United Nations. UN. Sustainable development goals［EB/OL］.（2015-09-25）［2021-07-04］. https://sdgs.un.org/goals.

[245]　陈昶岑. 基于韧性理念的老旧住区公共空间改造策略研究［D］. 合肥：合肥工业大学，2021.

[246]　中国地震局. 按照"韧性城市"标准打造雄安新区［EB/OL］.（2019-10-14）［2022-2-25］. http://www.xiongan.gov.cn/2019-10/14/c_1210312341.htm.

[247]　马雪瑶. 突发公共卫生事件下郑州市医疗资源评价与优化［D］. 西安：西北大学，2021.

[248]　袁昕. 后疫情时代居住社区高品质公共空间的营造［EB/OL］.（2021-03-31）［2022-03-31］. https://www.thepaper.cn/newsDetail_forward_11648297.

[249] 前瞻经济学人APP资讯组. 研究：住高层的人感染新冠风险更大，排水管道和气流系统易成病毒"储存库"［EB/OL］.（2020-04-22）［2022-03-31］. https://baijiahao.baidu.com/s?id=1664654068063251559&wfr=spider&for=pc.

[250] XIN H，QIQUAN Y，JUNJING Y. Importance of community containment measures in combating the COVID-19 epidemic：From the perspective of urban planning［J］. Geo-spatial Information Science，2021，24（3）：363-371.

[251] 张金亭. 城市网格基准地价评估方法［D］. 武汉：武汉大学，2011.

[252] 唐梓淇. 重庆市经济增长与幸福发展的协调性研究［D］. 重庆：重庆工商大学，2019.

[253] 陈玮莹. 江西电网Z供电分公司综合绩效评价研究［D］. 上海：东华理工大学，2019.

[254] 李天一. 冀南明珠耀中原［EB/OL］.（2019-09-30）［2022-03-31］. http://www.handannews. com.cn/zhuanti/content/content_8038653.html.

[255] 刘杨，杨建梁，梁媛. 中国城市群绿色发展效率评价及均衡特征［J］. 经济地理，2019，39（2）：110-117.

[256] 祝霜霜. 生活圈视角下居住区公共服务设施供给水平评价及对策研究［D］. 邯郸：河北工程大学，2021.

[257] 陈国平，韩振峰. 把握新时代人民群众美好生活需要的三个维度——基于新时代社会主要矛盾的分析［J］. 人民论坛·学术前沿，2018（9）：98-101.

[258] TOBLER W R. A Computer Movie Simulating Urban Growth in the Detroit Region［J］. Economic Geography，1970，46（1）：234-240.

[259] 罗光莲. 渝东南贫困山区农村居民点空间集聚研究［D］. 重庆：西南大学，2020.

[260] 肖革新. 空间统计实战［M］. 北京：科学出版社，2018：54-56.

[261] 肖冀星. 邯郸市主城区公共服务设施可达性评价及布局规划策略［D］. 邯郸：河北工程大学，2020.

[262] 赵丽红. 南昌市景观格局时空变化及其驱动力研究［D］. 南昌：江西农业大学，2016.

[263] 贺买宏. 我国卫生服务公平性研究［D］. 重庆：第三军医大学，2013.

[264] 梁雪峰，乔天文. 城市义务教育公平问题研究——来自一个城市的经验数据［J］. 管理世界，2006（4）：48-56.

[265] 宋德勇，刘习平. 中国省际碳排放空间分配研究［J］. 中国人口·资源与环境，2013，23（5）：7-13.

[266] 王祖祥，范传强，何耀，等. 农村贫困与极化问题研究——以湖北省为例［J］. 中国社会科学，2009（6）：73-88.

[267] 张帅，李涛，廖和平. 经济发展与农村减贫耦合机理及协调性研究——以重庆市为例［J］. 中国农业资源与区划，2021，42（10）：186-196.

[268] 时振钦，周素红，陈颖. 分行业居住-就业空间关系及路网交通需求分异——以广州市为例［J］. 城市规划，2020，44（2）：87-94.

[269] 齐泓玮，尚松浩，李江. 中国水资源空间不均匀性定量评价［J］. 水力发电学报，2020，39（6）：28-38.

[270] 费建波，夏建国，胡佳，等. 南方传统农区乡村生态空间时空演变分析［J］. 农业机械学报，2020，51（2）：143-152.

[271] 王兰，周楷宸. 健康公平视角下社区体育设施分布绩效评价——以上海市中心城区为例［J］. 西部人居环境学刊，2019，34（2）：1-7.

[272] 舒婵. 资源与人口匹配视角下的养老设施社会绩效评价——以武汉为例：2017中国城市规划年会［C］. 中国广东东莞，2017.

[273] 寇健忠. 体育场地资源配置的均衡性研究［J］. 北京体育大学学报，2017，40（4）：14-20.

[274] 夏洪兴，林朗，张育南. 健康住区防疫ABC［M］. 北京：中国建筑工业出版社，2021：21-22.

[275] 李磊，陈道远，王国恩，等. 突发公共卫生事件下我国特大城市分级医疗救治设施的规划思考［J］. 现代城市研究，2020（10）：12-19.

[276] 张立，李雯骐. 面对突发疫情的强镇空间规划韧性和治理策略初探［J］. 城乡规划，2020（2）：1-10.

[277] 卢涛，王英，孟庆，等. 应对突发公共卫生事件的大型应急医疗设施规划思考［J］. 规划师，2020，36（5）：89-93.

[278] 中国工程建设标准化协会. T/CECS 661-2020新型冠状病毒肺炎传染病应急医疗设施设计标准［S］. 北京：中国建筑工业出版社，2020.